Python 基础案例教程
（基于计算思维）

李启龙 著

周春元 李 宁 译

中国水利水电出版社
www.waterpub.com.cn
·北京·

内 容 提 要

编写一本"难"的 Python 教材很容易，但编写一本"易"的 Python 教材却尤为不易。本书希望解决的问题，是让 Python "教"起来得心应手，"学"起来轻松简单。

本书具有两个特点：一是案例力求选择"最新"的应用；二是力求把这些案例设计为"最简"模式，即案例中一切与知识点无关的内容全部去除，保证案例与知识点对应的精准性。这样，老师教学时容易教，同学们学习时无障碍。本书的每个知识点都配备了精简示例或案例，每一段示例或案例都配有完整代码，主要代码都配有详细的代码说明。同时为了便于教师的教学，还配备了精彩的电子教案。

本书适合作为各高校 Python 教材，同时也适合 Python 爱好者自学或参考。

北京市版权局著作权合同登记号：图字 01-2019-0701

本书为碁峰信息股份有限公司独家授权出版发行的中文简体字版本。本书中文简体字版在中国大陆之专有出版权属中国水利水电出版社所有。在没有得到本书原版出版者和本书出版者书面许可时，任何单位和个人不得擅自摘抄、复制本书的全部或一部份以任何方式包括（数据和出版物）进行传播。本书原版版权属碁峰信息股份有限公司。版权所有，侵权必究。

图书在版编目（CIP）数据

Python基础案例教程：基于计算思维 / 李启龙著；
周春元, 李宁译. -- 北京：中国水利水电出版社，
2019.5
Python学程式设计运算思维：收录MTA Python微软
国际认证模拟试题
ISBN 978-7-5170-7647-6

Ⅰ. ①P… Ⅱ. ①李… ②周… ③李… Ⅲ. ①软件工具—程序设计—教材 Ⅳ. ①TP311.561

中国版本图书馆CIP数据核字(2019)第079663号

责任编辑：周春元　　加工编辑：王开云　　封面设计：杨玉兰

书　名	Python 基础案例教程（基于计算思维） Python JICHU ANLI JIAOCHENG (JIYU JISUAN SIWEI)
作　者	李启龙 著　周春元 李 宁 译
出版发行	中国水利水电出版社 （北京市海淀区玉渊潭南路 1 号 D 座　100038） 网址：www.waterpub.com.cn E-mail：mchannel@263.net（万水） 　　　　sales@waterpub.com.cn 电话：（010）68367658（营销中心）、82562819（万水）
经　售	全国各地新华书店和相关出版物销售网点
排　版	北京万水电子信息有限公司
印　刷	三河市铭浩彩色印装有限公司
规　格	184mm×240mm　16 开本　17.5 印张　397 千字
版　次	2019 年 5 月第 1 版　2019 年 5 月第 1 次印刷
印　数	0001—3000 册
定　价	48.00 元

凡购买我社图书，如有缺页、倒页、脱页的，本社营销中心负责调换

版权所有·侵权必究

学Python，从"娃娃"抓起

—— 推荐序

以其开源、易学、易用的特点，再加上众多第三方开发包的加持，Python编程语言在码界展现出旺盛的生命力和越来越强大的统治力。

关于Python，我们所听说过的最传奇的一句话莫过于"学Python，从娃娃抓起"。尽管调侃的意思更多一些，但毋庸置疑，学习Python，越早开始越好。

关于Python学习的书有太多太多，涵盖了从入门到各专业领域深入应用的方方面面。其中，《毫无障碍学Python》就是本人最喜爱的一本。

有经验的Python开发人员，可以用Python"轻松"实现科学计算、绘图、爬虫、图像识别、人工智能等各种当下炙手可热的应用。但所谓的"轻松"，需要在熟练掌握Python的前提下才可以有。比如，一本讲爬虫的Python图书，无论对于专业人员多么有帮助，对于初学者来说，都像是在读"天书"一般。

相对于上述的"轻松"而言，虽然Python的最大特点号称是"易学"，但事实是，作为初学者，当你真正想要一本"易学"书来学习Python时，却是相当的不容易。

如果您是一名大学的Python老师，您更想找一本"易学"又"易教"的Python教材，那么，这个困难就更大一些。

基于此，我们策划了本书，希望一并解决Python的"教""学"之苦。本书具有两个特点：一是案例力求选择"最新"应用；二是把这些案例设计为"最简"模式，我们把案例中一切与知识点无关的内容全部去除，保证案例与知识点对应的精准性。这样，老师教学时容易教，学生在学习时无障碍。

本书的每个知识点都配备了精简示例或案例，每一段示例或案例代码，都配有详细的代码说明。同时为了便于教师的教学，还配备了精彩的电子教案。扫描下面的二维码，可以下载本书的案例代码、电子教案、习题答案以及开发环境安装软件。

扫一扫：案例代码+电子教案+
习题答案+开发环境安装软件

目 录

学 Python，从"娃娃"抓起——推荐序

0 计算思维与计算机求解 ·· 1
0-1 计算思维 ··· 1
0-2 垂直与水平的逻辑思维 ··· 2
0-2-1 垂直式思维 ·· 2
0-2-2 水平式思维 ·· 3
0-3 计算机求解的特点 ··· 4
0-4 计算机求解的应用 ··· 4
0-5 计算机求解步骤 ··· 6
0-5-1 问题分析 ·· 6
0-5-2 解题方法设计 ··· 7
0-5-3 解题实现 ·· 7
0-5-4 测试与改正 ·· 7
0-6 计算思维体验 ··· 7

1 Python 简介与开发环境安装 ··· 9
1-1 编程语言简介 ··· 9
1-2 Python 的起源及特性 ·· 10
1-3 官方版 Python 开发环境 ·· 11
1-3-1 官方版 Python 的下载与安装 ·· 11
1-3-2 官方版 Python 开发环境的编辑与测试 ··· 14
1-3-3 官方版 IDLE 集成开发环境的编辑与测试 ·· 14
1-4 建议使用 Anaconda 套件开发 ··· 17
1-4-1 Anaconda 套件的下载与安装 ·· 17
1-4-2 Spyder 编辑器的编辑与测试 ·· 21
1-4-3 Jupyter Notebook 编辑器的编辑与测试 ·· 25
习题 ··· 28

2 变量、数据类型与输入输出 ··· 29

2-1 变量的使用 ··· 29
2-1-1 变量的命名规则 ·· 30
2-1-2 变量的赋值 ·· 30

2-2 基本数据类型 ··· 32
2-2-1 数值型 ··· 32
2-2-2 布尔型 ··· 32
2-2-3 字符串 ··· 32
2-2-4 数据类型转换 ·· 33

2-3 print()输出函数 ··· 34
2-3-1 格式化输出功能 ··· 35
2-3-2 format()方法 ··· 36

2-4 input()输入函数 ·· 37
2-5 程序练习 ··· 38
习题 ·· 40

3 运算符与表达式 ··· 43

3-1 赋值运算符 ·· 43
3-2 算术运算符 ·· 44
3-3 关系运算符 ·· 48
3-4 逻辑运算符 ·· 50
3-5 复合赋值运算符 ·· 52
3-6 程序练习 ··· 53
习题 ·· 58

4 流程图与判断结构 ·· 60

4-1 流程图的表示符号 ··· 60
4-2 算法的基本结构 ·· 62
4-3 if 语句 ·· 63
4-4 if…else…语句 ·· 66
4-5 if…elif…else…语句 ··· 68
4-6 嵌套 if 语句 ··· 70

4-7	程序练习	74
	习题	82

5 循环 · 84

5-1	for 循环	84
5-2	while 循环	88
5-3	break	91
5-4	continue	92
5-5	循环嵌套	93
5-6	程序练习	96
	习题	101

6 数据类型 · 103

6-1	字符串型的函数	103
	6-1-1 字符串的索引	103
	6-1-2 字符串函数	104
6-2	列表 List	105
	6-2-1 列表结构	105
	6-2-2 列表函数	106
6-3	元组 Tuple	111
6-4	字典 Dict	111
	6-4-1 字典数据的访问	112
	6-4-2 字典数据的操作	112
	6-4-3 字典操作相关函数	113
6-5	集合 Set	116
	6-5-1 集合元素的增删	117
	6-5-2 集合运算	118
	6-5-3 复合数据类型综述	120
6-6	程序练习	120
	习题	124

7 函数 · 125

| 7-1 | 函数的定义与调用 | 125 |

7-2	多个参数的函数的调用	127
7-3	函数的返回值	128
7-4	参数的传递	130
7-5	模块与包	132
	7-5-1　导入一个包	132
	7-5-2　导入多个包	134
	7-5-3　安装第三方的包	134
	7-5-4　常用的内置函数	136
7-6	递归函数	136
7-7	程序练习	140
习题		144

8 文件处理 145

8-1	文件路径基本概念	145
	8-1-1　绝对路径	145
	8-1-2　相对路径	146
8-2	文件操作	146
	8-2-1　文件创建与关闭	146
	8-2-2　文件处理函数	147
	8-2-3　写文件操作	148
	8-2-4　读文件操作	149
8-3	文件的目录操作	151
	8-3-1　os.path 包	151
	8-3-2　文件和目录的创建与删除	155
	8-3-3　检查文件是否存在	160
8-4	程序练习	161
习题		166

9 网络服务与数据抓取及分析 167

9-1	网络服务与 HTML	167
	9-1-1　万维网	167
	9-1-2　域名服务器	168
	9-1-3　HTML 语法	168
9-2	用 urllib 包解析网址及抓取数据	170

9-2-1	网址解析函数 urlparse()	170
9-2-2	网页数据抓取函数 urlopen()	173

9-3 用 requests 包抓取网页数据 ··· 175
9-4 用 BeautifulSoup 包对网页进行解析 ··· 178
9-5 异常处理 ··· 184
9-6 程序练习 ··· 187
习题 ··· 192

10 图形用户界面 ··· 193

10-1 tkinter 包 ··· 193
10-2 tkinter 对象的基本方法 ··· 195
    10-2-1 标签（Label） ··· 195
    10-2-2 按钮（Button） ··· 199
    10-2-3 用 Entry()方法创建输入框 ··· 201
    10-2-4 用文本控件 Text()输入文本 ··· 202
    10-2-5 滚动条控件（Scrollbar） ··· 205
10-3 tkinter 的高级控件 ··· 208
    10-3-1 对话框控件（messagebox） ··· 208
    10-3-2 复选按钮控件（Checkbutton） ··· 211
    10-3-3 单选按钮控件（Radiobutton） ··· 213
    10-3-4 图片（Photoimage） ··· 216
    10-3-5 菜单控件（Menu） ··· 218
习题 ··· 222

11 绘制图表 ··· 223

11-1 Matplotlib 官方网站 ··· 223
11-2 绘制线条图 ··· 224
11-3 绘制柱状图 ··· 227
11-4 绘制饼图 ··· 229
11-5 与 numpy 包的综合运用 ··· 233
    11-5-1 创建矩阵 ··· 233
    11-5-2 矩阵运算 ··· 234
    11-5-3 综合运算 matplotlib 与 numpy 来绘制曲线 ··· 236
11-6 绘制多图 ··· 237

习题 241

12 图片处理与生成可执行文件 242

12-1 pillow 包的安装 242
12-2 pillow 包的功能 243
12-2-1 图片属性 244
12-2-2 改变图片色彩模式 245
12-2-3 图片旋转 247
12-2-4 图片滤镜 248
12-2-5 图片的缩放 250
12-2-6 向图片指定位置添加文字 251
12-2-7 新建空白图片 253
12-3 使用 ImageDraw 绘图 254
12-3-1 线段绘制方法 line() 255
12-3-2 矩形绘制方法 rectangle() 256
12-3-3 绘制椭圆的方法 ellipse() 257
12-3-4 绘制弧线的方法 arc() 259
12-3-5 绘制扇形的方法 pieslice() 261
12-4 生成可执行文件 263
习题 265

习题答案 267

计算思维与计算机求解

计算机是人类解决问题的好帮手，由于计算机具有速度快、容量大、计算精确、可以处理大量数据、重复作业等特性，非常适合帮助人类来解决各种问题。我们只要设计出正确的解题方法，就可以通过计算机来帮助解决问题。

在日常生活中，处处可见用计算机来解决实际问题的例子，小到通讯录或数据处理，大到国家实验室或企业的仪器设备，都需要使用计算机来完成各种操作。

计算机不像人类会自主思考解决问题，但如果我们能以计算机处理问题的方式，给予计算机正确的指令，那计算机就能按照我们的指示来处理问题。计算思维（Computational Thinking）就是指能够按计算机处理问题的方式，构思出各种计算方法来解决问题的思维能力。

0-1 计算思维

计算思维能力是每个人除了听、说、读、写等基本素养外，也应具备的基本能力，此能力并非专属于计算机科学家；计算思维是利用归纳、嵌套、变换或模拟等方法，将复杂问题转化为我们所熟悉的模式，以利问题的解决。

因此，计算思维具有以下特性：

- 是一种基本的素养，并非死记硬背的技能。
- 不是指编写计算机代码。
- 是人类解决问题的方法或策略。
- 结合了数学及工程的思维。
- 是一种概念或构思，并非指相关作品。
- 适用于每个人与每个地方，是人人都需具备的能力。

美国的计算机科学教师协会（Computer Science Teacher Association，CSTA）将计算思维定义

为计算机可执行的解决问题的策略，包含数据搜索、数据分析、数据表示、问题分解、抽象化、算法与程序、自动化、仿真及并行计算等概念。它所提出的计算机科学核心能力指标中，将计算思维视为贯穿整个课程的重要理念。通过计算思维，来培养学生解决问题、系统设计、知识创新的能力并了解信息科技的能力与限制，该协会的网站网址为：https://www.csteachers.org/，如图 0-1 所示。

图 0-1

0-2 垂直与水平的逻辑思维

计算机要解决问题,必须由人来设计其处理问题的步骤,然后再由计算机根据我们输入的数据，进行各种计算、搜寻、比较等运算来得到答案。人类在思考问题的解决方法时，大致可以分为"垂直式思维"与"水平式思维"两大类。

0-2-1 垂直式思维

垂直式思维（Vertical Thinking），又称收敛性思维，是指循序渐进地从问题本身开始思考，讲究步骤，每一步骤及阶段都必须是确定的，思路会朝着问题的答案集中收敛，通过垂直式思维所获得的结论比较具有正确性、系统性及普遍性。

垂直式思维比较符合计算机求解的特点。其答案比较具有确定性，并尝试将问题的解决分解为可实施的步骤。垂直式思维具有以下优点：

（1）所获得的逻辑推理结论较具有正确性、系统性及普遍性，较适合计算机进行问题解决。

（2）因其步骤的明确性，每一次进行推论，都可以得到一致的答案，具有一致性。
（3）较具有实用价值，只要掌握了推理的原则，就可以相互检验。

垂直式思维也有一些缺点，包括：结论会受前提所影响、思考时比较容易形成框架造成画地为牢的现象、不利于创新等。

在日常生活中，我们经常用垂直式思维的方式思考问题。比如，我们要规划一趟旅行，就要从决定日期开始，依次选定旅游目的地、规划交通工具与路线、确认参与人数、安排住宿与餐饮、计算各项费用等，这就是一个垂直式思维的例子，如图 0-2 所示。

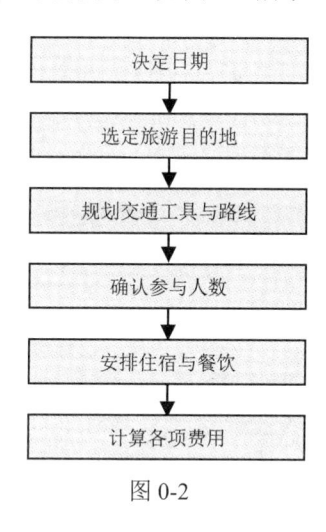

```
┌─────────────────┐
│    决定日期     │
└────────┬────────┘
         ↓
┌─────────────────┐
│  选定旅游目的地 │
└────────┬────────┘
         ↓
┌─────────────────┐
│ 规划交通工具与路线 │
└────────┬────────┘
         ↓
┌─────────────────┐
│   确认参与人数  │
└────────┬────────┘
         ↓
┌─────────────────┐
│  安排住宿与餐饮 │
└────────┬────────┘
         ↓
┌─────────────────┐
│   计算各项费用  │
└─────────────────┘
```

图 0-2

0-2-2 水平式思维

水平式思维（Lateral Thinking）又称发散性思维，是从问题本身向各个方向去思考发散，可能会找出各个不同的答案，常应用于创造性思维训练，常见的方法有自由联想法、脑力激荡法等。水平式思维较不具有计算机求解所需的绝对性、有限性、唯一性等特点，但是在创新创意方面有很重要的作用，有助于我们跳出框架去思考。

有一则水平式思考的故事提到，某位农夫不小心把一块怀表遗失在稻草堆里，他找了一群孩子，请他们帮忙寻找，这群孩子相当认真地用眼睛到处寻找怀表，但是都找不到，后来又来了一位小孩，他趴在地上，不用眼睛却用耳朵去听怀表滴答滴答的声音，找出怀表掉落的方向后，很轻松地就拨开草丛找到了遗失的怀表。这个孩子，就是跳脱了用眼睛找东西的垂直式思维方式。

人们在面对问题时，习惯于遵循已有的认识、理论或知识，然后再沿着既定的方向系统地深入思考，而计算机解决问题的方式也趋近于 Step by Step 的模式，上一步的工作完成后，才会接着进行下一步，因此对计算机而言，垂直式的思维方式比较容易转化成实际的解题程序；不过水平思维更具有突破现状的特性，较易于找到新的解题方向，因此在使用计算机求解时，也需善用水平式思维，向着不同方向找寻解题方法。垂直思考与水平思考两者间并不矛盾，有时还能相辅相成，水平式思维有利于产生新想法，而垂直式思维则有利于对水平思考衍生出的想法进行发展。

0-3 计算机求解的特点

计算机求解的特点就是会根据我们设计的步骤顺序地执行,每次执行都会获得一致的结果。由于垂直式思维的逻辑推理结论较具有正确性、系统性及普遍性,大多都能转换成可以执行的步骤来解决各种问题。

当我们要解决的问题比较复杂或庞大时,可以采取顺序式的解决问题方式。先将大问题分成几个较小的问题,再设计较小问题的顺序执行方案。

日常生活中,有许多应用顺序流程来设计的例子,我们炒菜时就是按照一定的顺序来处理;网购时,也是按照操作顺序来完成各项购物操作,如先选择商品、填写信息后完成付款,如图0-3所示;使用自动提款机进行交易时,也需要先输入密码、再选择交易方式及输入相关金额等。

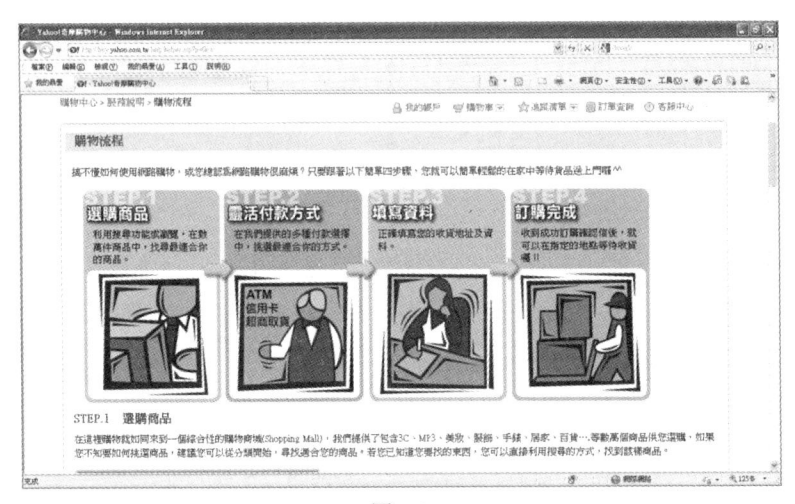

图 0-3

顺序式的流程就是会按照一定的次序,逐步完成各个步骤,最后获得预期的结果。这样所设计出的解题步骤过程明确、顺序清楚,所以非常适合用计算机来处理。

0-4 计算机求解的应用

计算机求解的应用领域相当广泛,只要是计算机所提供的服务,其背后都可以观察到计算机求解的过程。常见的计算机在各领域的应用实例包括:网络购物系统、电子商务系统、搜索引擎系统、医学工程系统、气象预测系统、校务行政系统、电子地图应用、各种数学问题的解决等。下面以生活中的电子地图规划路线作为例子,来说明隐藏在系统背后的计算机求解的应用。

电子地图的规划路线功能,就是计算机求解的一个应用。计算机根据用户输入的起点与终点位置,来规划可行的路线,并且还可让用户选择交通方式,如自驾、公交车、步行等。此处是以天安门为起点,故宫博物院为终点,并且选择自行开车的方式,来测试电子地图规划路线的功能,如图 0-4 所示。

图 0-4

百度地图规划出来的路线如图 0-5 所示。它会在地图上标示出路线,我们在使用时可以放大或缩小地图的显示比例,以便我们能看清楚交通路线。

图 0-5

除了显示路线之外,知道路名与路线距离也是非常重要的信息。Google 地图会把规划出来的路线,详细地显示出相关的信息,如会经过哪些路线、每段路线的距离等,如图 0-6 所示。

图 0-6

Google 地图根据用户的输入数据,帮助用户规划路线,解决了从起点到终点的路线问题,是一个用计算机来解决生活中问题的实例。

0-5 计算机求解步骤

使用计算机来解题，其步骤大致可以分为：问题分析、解题方法设计、解题实现、测试与修正这几步，如图 0-7 所示。

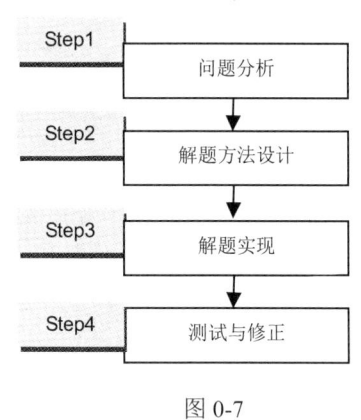

```
Step1 ──→ 问题分析
              ↓
Step2 ──→ 解题方法设计
              ↓
Step3 ──→ 解题实现
              ↓
Step4 ──→ 测试与修正
```

图 0-7

0-5-1 问题分析

用计算机求解之前，需要先对问题进行分析，问题分析是一种思考过程，我们对于要解决的问题，需要从不同的角度来进行思考，确定出问题的定义及范畴。在问题分析的过程中，需要先理清楚"输入规范""输出规范"及"输入与输出对应关系"等要素。

> 输入规范（Specifications of Input）：对于用户输入的数据类型与范围，需要有一些规范，包括输入的数据内容、数据格式、数据范围等。例如在输入身高的程序中，就要限制用户不能输入负值，因为没有人的身高是负值。

> 输出规范（Specifications of Output）：对于输出的数据，也要做一些规范，因为计算机处理后的输出结果，需要满足用户的使用需求。例如在输出成绩的程序中，我们会希望当成绩超过 60 分时，程序会输出"及格"字样。

> 输入与输出对应关系：在问题分析阶段，应该理清输入与输出数据之间的对应关系，也就是要清楚地了解用户需要输入何种数据，而计算机会输出何种结果。我们经常使用输入处理输出图（Input Process Output, IPO）来描述输入与输出的关系，如图 0-8 为华氏温度转为摄氏温度的 IPO 示意图，华氏温度为 Input，转换公式为 Process，摄氏温度为 Output。

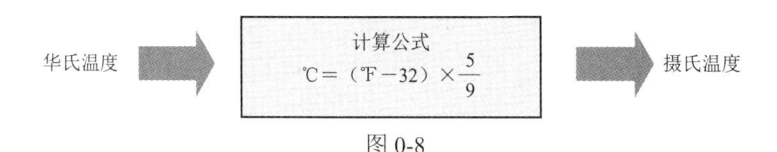

华氏温度 ⟹ 计算公式 $℃=(℉-32)\times\dfrac{5}{9}$ ⟹ 摄氏温度

图 0-8

0-5-2　解题方法设计

完成了问题分析之后,接下来就要进行解题方法设计了,此步骤就是根据问题的需求,详细思考后得出的解决问题的步骤。在此阶段,可以试着多想几种方法来解决问题,试着从多种方法中,找出最好的解题策略。

解题方法的设计基本上有两种常用的思考策略,说明如下:

➢ 由上而下法(Top-Down)
  由上而下的解题设计方法,是将较大的问题,分解成许多能被处理的小问题,并通过处理这些小问题逐步解决整个问题,也就是先从整个问题的主要功能开始规划,然后再往下设计每个子问题的解题方法,直到最底层的小问题都解决为止。此处以学校行政系统设计为例,通常我们会先去思考整个学校的运作需求,然后考虑各个单位的工作需求,如教务处、学务处、总务处等处室的需求。

➢ 由下而上法(Bottom-Up)
  由下而上的解题设计方法,与由上而下法刚好相反,是先从小问题的功能开始规划,然后再往上设计比较大的功能,最后完成整个问题的解决。也就是说,由下而上的解题方法,会先从细部功能开始处理,然后根据问题的类别与特性,将相同属性的解题方法归纳在一起,由下而上,逐级完成整个问题的解决。在我们的日常生活中,也有许多由下而上的例子,最常见的就是比赛的赛程架构,由下而上,依次决出胜利的队伍,逐级比赛,得到最后的总冠军。

0-5-3　解题实现

在完成了解题方法设计之后,接下来我们需要选择编程语言来设计程序,把解题的方法变为解题的实现。

许多软件都可以用来实现计算机求解,甚至连 Excel 都可以。其实,不管是使用哪种编程语言或工具来进行计算机求解,其解题的设计方法是相同的,只是使用的编程语言或工具有所不同而已。

0-5-4　测试与改正

计算机求解的最后一个阶段,就是测试与修正阶段,也就是将所设计的解决问题的步骤,在完成解题之后,使用工具加以测试与修正,最后得到正确的解题策略与结果。测试与修正阶段是检查解题方法的最重要过程,主要目的是要确定解题方法是否可以真正解决问题。一般在测试时,会将各种情况下的数据都输入,尤其是一些边界条件值一定要加以测试,如极大值、极小值、负值、零值等。

0-6　计算思维体验

我们现在通过 Blockly Games 网站来体验一下计算思维与程序设计的乐趣,其网址为:

https://blockly-games.appspot.com/，该网站为跨平台网站，可以使用计算机、智能手机或是平板电脑来体验如图 0-9 所示。

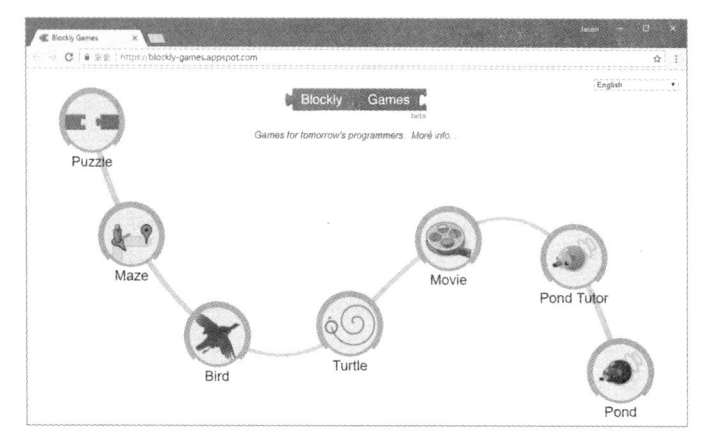

图 0-9

- Puzzle（拼图）：学习通过简单的拼图来认识积木语言（Blocks）的基本结构。
- Maze（迷宫）：学习前进、转向、循环与判断。
- Bird（鸟）：学习角度、坐标与不等式逻辑。
- Turtle（乌龟）：学习几何图形与颜色应用。
- Movie（影片）：学习用表达式、变量等概念来设计简易的动画。
- Pond Tutor（池塘导师）：学习控制小游戏的角色与目标。
- Pond（池塘）：专题游戏。

每一个关卡都有设计挑战，学习者在挑战关卡的乐趣中可以学会各种计算思维的概念，图 0-10 为各个关卡的接口，提供了 Blocks（积木式）与 JavaScript（脚本式）两种模式来体验计算思维。

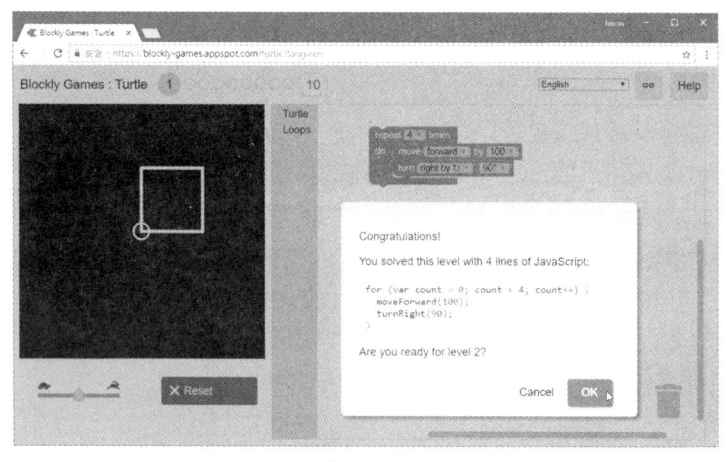

图 0-10

Python 简介与开发环境安装

1-1 编程语言简介

编程语言的地位，跟中文、英文等语言一样，只是使用的对象不同。如果要和计算机沟通，就要使用编程语言，以便让计算机帮助我们完成想做的事情。编程语言的种类非常多，基本上可以分为"低级语言"和"高级语言"两大类。低级语言包括机器语言、汇编语言等，而高级语言则包括 Python、C/C++、Pascal、Java、Cobol、Perl、Visual Basic 等。

低级语言相对于高级语言而言，其在计算机中的执行效率较高，而且对于计算机硬件的控制能力也较强；其缺点在于开发较为困难，语法结构与人类的使用习惯不太相同，难以开发、阅读、除错与维护。高级语言为叙述性语言，其语法结构与人类的语法习惯较为接近，因此较容易开发、阅读、除错与维护，但它对于硬件的控制能力较差且执行效率也不及低级语言。

一般来说，不管使用哪种编程语言来开发程序，在程序编写好之后，都要转换成机器所能理解的语言，也就是机器语言（Machine Language），才能执行。把编程语言翻译成机器语言的工作，是由编译器（Compiler）或解释器（Interpreter）来完成的。

计算机的运算原理，可以想象成一大堆的开关，跟电灯的开关是类似的，用 1 代表开，用 0 代表关，由 1 和 0 的不同组成顺序，组成不同的运算操作。

机器语言也是由 1 和 0 组成，是执行效率最高的语言，但是机器语言非常复杂，难以开发、记忆、编写、除错和维护，而各种计算机的机器语言指令又不尽相同，可移植性差。因此，后来出现了汇编语言，汇编语言将复杂的指令，用简单的英文单词加以取代，如加法运算的一大串 01 指令，可直接用 ADD 来表示。汇编语言编写完之后要翻译成机器语言后才能执行，但是汇编语言也有与机器语言相似的问题，移植性较差，不同的 CPU 必须用不同的汇编器（Assembler）汇编；另外，虽然编写汇编语言不需再记忆复杂的 01 指令，但还是必须用机器语言提供的指令集（Instruction Set）来设计程序，这个问题使得大型程序开发较为困难。

后来出现了编译型语言（Compiling Language），这类的语言编写完程序后，需通过编译器将程序编译为机器语言，然后才可以执行。而不同的操作系统平台的计算机，只要开发出该语言的编译器，同一份程序就可以在不同的平台上执行，C 语言就属于编译语言的一种。

此外，还有一种编程语言称为解释型语言（Interpreting Language），Python 语言就是属于解释型语言。解释型语言包含一个解释器，解释型语言的特点是程序不需在执行前先编译成机器语言，而是在执行时直接一行一行地翻译命令。解释型语言虽然省去了编译的步骤，但是执行的速度会比编译语言慢一些。

总而言之，不管使用哪种编程语言来开发程序，在程序编写好之后，都需转换成机器所能理解的语言即机器语言后才能执行。这个翻译成机器语言的工作，由语言翻译器来进行，语言翻译器有三种，分别是汇编器、编译器和解释器，其示意如图 1-1 所示。

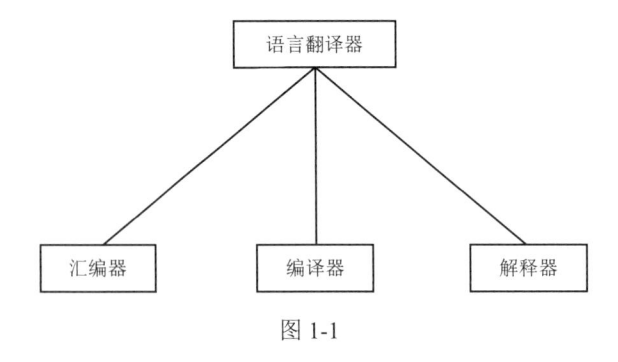

图 1-1

1–2 Python 的起源及特性

Python 语言是 1989 年由创始人吉多·范罗苏姆（Guido van Rossum）所设计，Python 是一种解释型的计算机编程语言，具有面向对象的特性。Python 自带了相当完备的标准函数库，能够完成基本程序设计需求。此外，Python 还能够使用丰富的第三方函数库套件，以提升不同类型的应用程序的开发效率，如面部识别应用、数据库应用、网页数据抓取与分析应用等。

Python 编程语言受到许多程序设计师的喜爱，主要因其具有下列特色：

- ➢ 免费且开源：Python 是免费且开放原始代码的编程语言，使用者可以自由地使用或修改其原始代码。
- ➢ 简单易学：Python 的语法简单易学，其语法结构与英文相近，初学者的进入门坎比 C/C++ 语言低。
- ➢ 可移植性较高：使用 Python 语言编写的程序，很容易移植到不同的操作系统上，具有较高的可移植性（Portability）。也就是说，用 Python 语言在某一个操作系统下开发的程序，可以在少量修改或完全不修改的情况下，顺利地移植到另一个操作系统上运行。
- ➢ 丰富的第三方套件：Python 语言能使用许多第三方所开发的函数库套件，让 Python 语言更加强大，并能够让程序员更加专注于问题的解决。

> **TIPs 对初学者的建议**
>
> 学习编程很辛苦，清楚地想明白学习目的，更有利于提升学习效果，以下的建议供初学者参考。
>
> - 坚定学习志向：学习编程不是一件容易的事情，但只要有心一定做得到！通过好的学习方法，训练逻辑思维能力，一步一脚印，是可以学好程序开发的。给自己一些学习的目标，朝着目标前进吧！
> - 一切从基础开始：学习最忌好高骛远，我们学习程序设计要从最基本的数据类型与输入输出语法学起，然后再学流程控制和数据结构，由浅入深，循序渐进。
> - 模仿是好的方法：在我们学习编程之前，好好地学习经典的程序范例。模仿不是 Copy，模仿是指在看懂范例程序的设计逻辑之后，靠着自己的理解，再亲自实现一遍或几遍。
>
> 学习程序设计需要花费大量的时间和精力，但是只要真正付出心力，其过程和收获也将会是非常美妙的。所谓一法通万法通，把 Python 语言学好，以后要再学其他编程语言，将会事半功倍，更加容易。

1-3 官方版 Python 开发环境

1-3-1 官方版 Python 的下载与安装

网络上有许多 Python 的开发环境，此处介绍从官网下载与安装 Python 的方式，Python 的官方网址为 https://www.python.org/，我们通过浏览器即可连到官方网站，如图 1-2 所示。

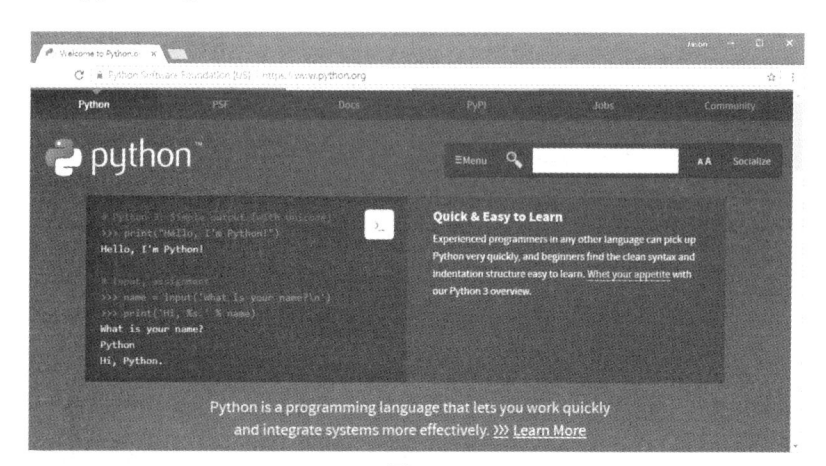

图 1-2

在网页中，可以找到下载（Download）链接（图 1-3），通常我们会选择当前最新的版本，此处是选择 3.6.2 版（其版本会随时间而更新）。

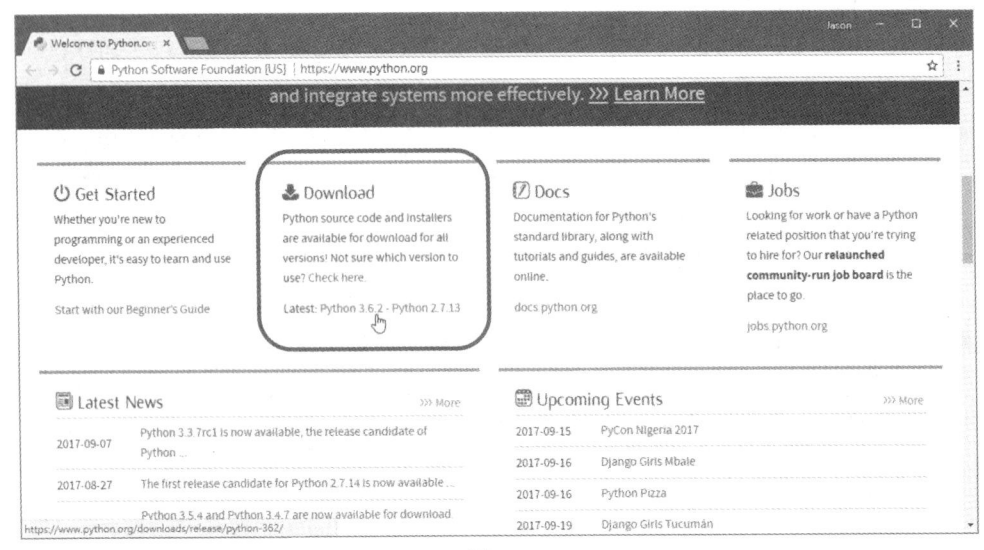

图 1-3

由于 Python 是跨平台的编程语言，因此我们可以在下载网页上看到不同操作系统的下载链接（图 1-4），请读者依照自己的操作系统下载对应的安装文件。

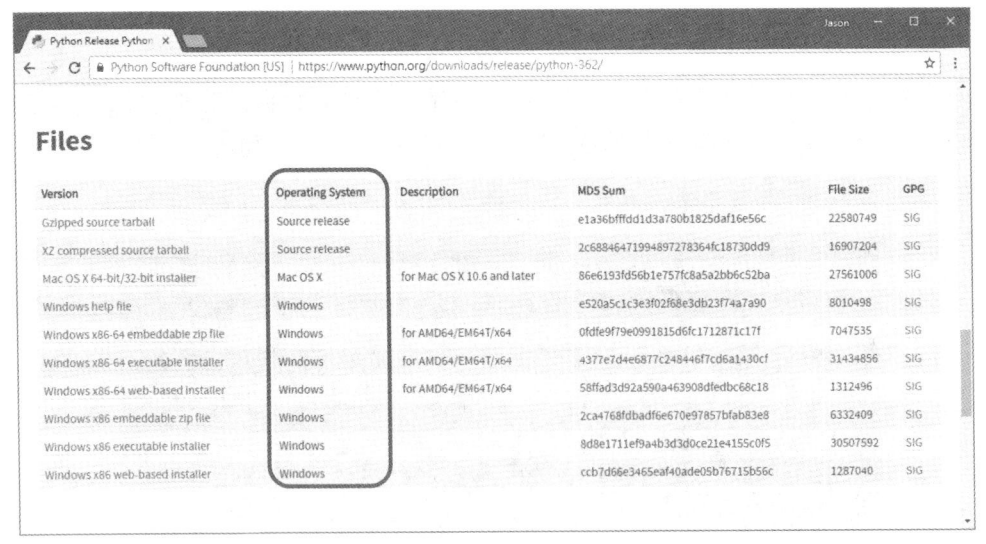

图 1-4

双击下载的 Python 安装文件，出现程序的安装界面，此处建议勾选"Add Python 3.6 to PATH"

选项，将 Python 的运行路径添加到系统变量 PATH 中，以便在命令提示符下 Python.exe 命令可以被执行。接着单击"Install Now"安装 Python，安装过程中会一并安装官方版的 IDLE 集成开发环境，如图 1-5 所示。

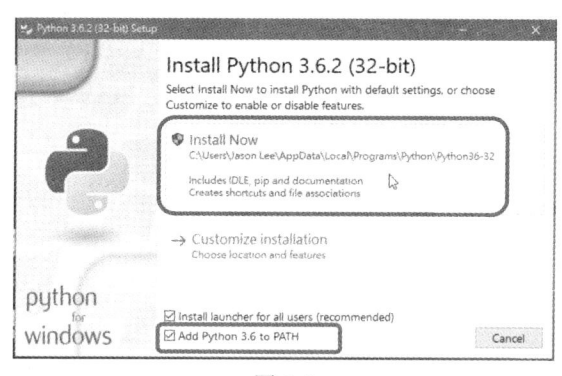

图 1-5

Python 的安装过程如图 1-6 所示。

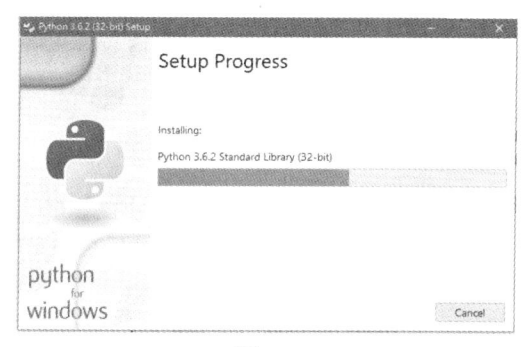

图 1-6

Python 安装程序建议允许路径长度超过 260 个字符的限制，因此我们先单击"Disable path length limit"选项，再单击"Close"按钮完成安装如图 1-7 所示。

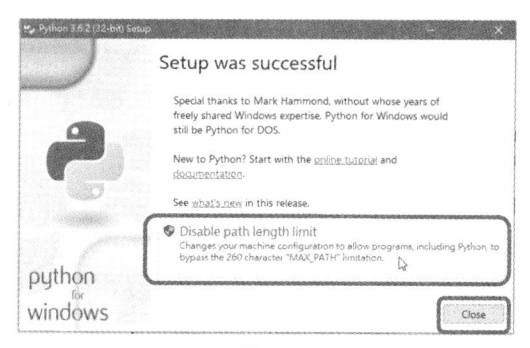

图 1-7

1-3-2 官方版 Python 开发环境的编辑与测试

完成 Python 开发环境的安装之后,我们马上来测试开发环境是否能正确执行 Python 程序。选取执行开始菜单里的"Python 3.6/Python 3.6(32-bit)"项目如图 1-8 所示。

图 1-8

接着出现 Python 的执行界面,在">>>"提示符的旁边,就是我们可以输入 Python 指令的地方,如图 1-9 所示。

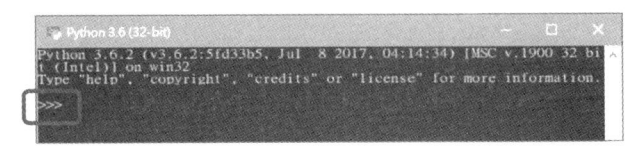

图 1-9

接着我们输入"print ('Hello Python')"命令,如图 1-10 所示,测试我们的 Python 集成开发环境是否安装成功。输入完毕后,按回车键,如果 Python 成功输出在单引号内的字符串,说明安装成功。

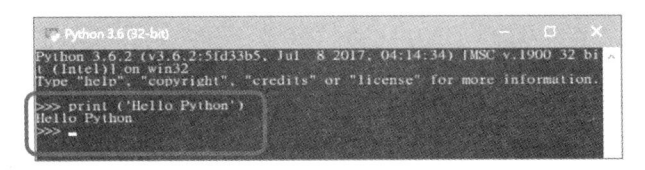

图 1-10

1-3-3 官方版 IDLE 集成开发环境的编辑与测试

Python 内建了 IDLE 编辑器,在开始菜单中选择 "Python 3.6/IDLE (Python 3.6 32-bit)"(图 1-11),可以打开 IDLE 编辑器。

IDLE 编辑器界面如图 1-12 所示。我们可以输入"print ('Hello Python')"指令,让 Python 在 IDLE 编辑窗口里输出"Hello Python",以测试我们的 Python 开发环境是否安装成功。

图 1-11

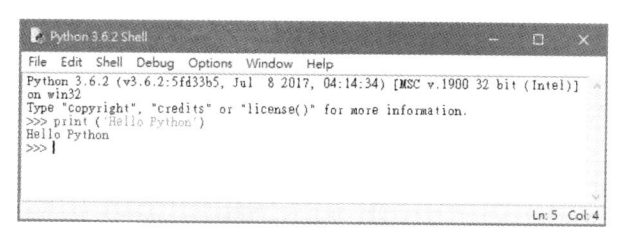

图 1-12

在 IDLE 开发环境下，用户可以建立新文件或开启已有的 Python 文件。下面我们练习建立一个新的 Python 文件。

Step1　通过菜单中的"File/New File"选项（图 1-13），试着创建新的 Python 文件。

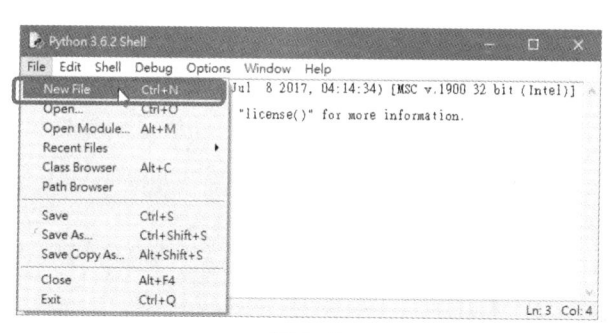

图 1-13

Step2　在程序代码编辑窗口，输入"print ('Hello Python')"命令（图 1-14）。

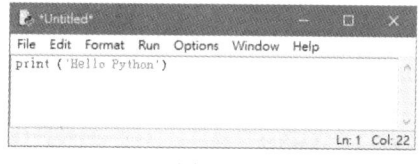

图 1-14

Step3　完成程序代码输入后，选取菜单上的"File/Save As…"选项（图 1-15），将刚刚输入的代码保存到文件。

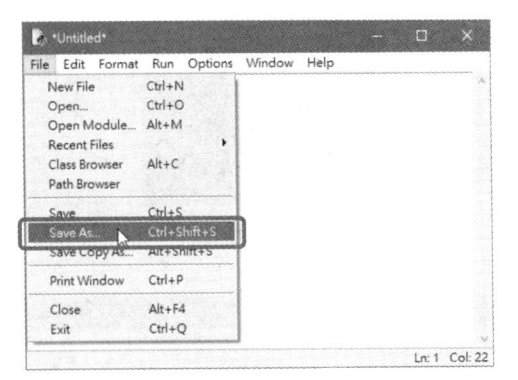

图 1-15

Step4　接着选择要保存的文件夹以及配置文件名，此例设定的文件夹为"D:\Examples\Ch1"，文件名为"1-3-3"，保存类型选择"Python files"，确定后单击"保存"按钮（图 1-16）。

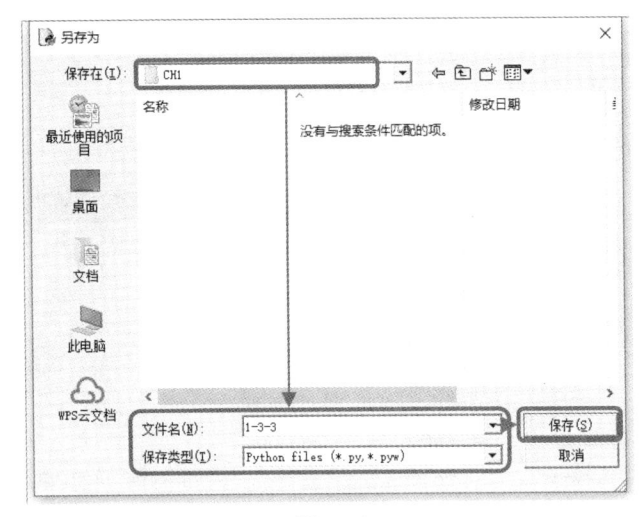

图 1-16

Step5　Python 文件的扩展名为".py"，存盘后可以发现编辑窗口上出现了刚刚设定的文件夹路径与文件名（图 1-17）。

Step6　选取菜单中的"Run/Run Module"选项（图 1-18），执行刚刚输入的 Python 程序。

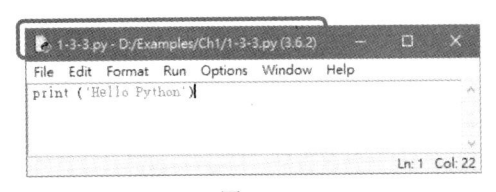

图 1-17 　　　　　　　　　　　　图 1-18

Step7　程序的执行结果是输出"Hello Python"字符串，如图 1-19 所示。

图 1-19

🔖 TIPs 在命令提示符窗口中执行 Python 程序

在命令提示符窗口中，我们可以切换到 Python 程序文件所在的路径，然后输入执行命令也可以执行 Python 程序。以刚刚的 D:\Examples\Ch1 文件夹中的程序 1-3-3.py 为例，首先用 "d:" 命令切换到 D 盘，接着用 "cd" 命令来切换到 D:\Examples\Ch1 文件夹，然后在命令行输入 python 1-3-3.py，即可执行该程序，并输出 "Hello Python" 字符串。如图 1-20 所示。

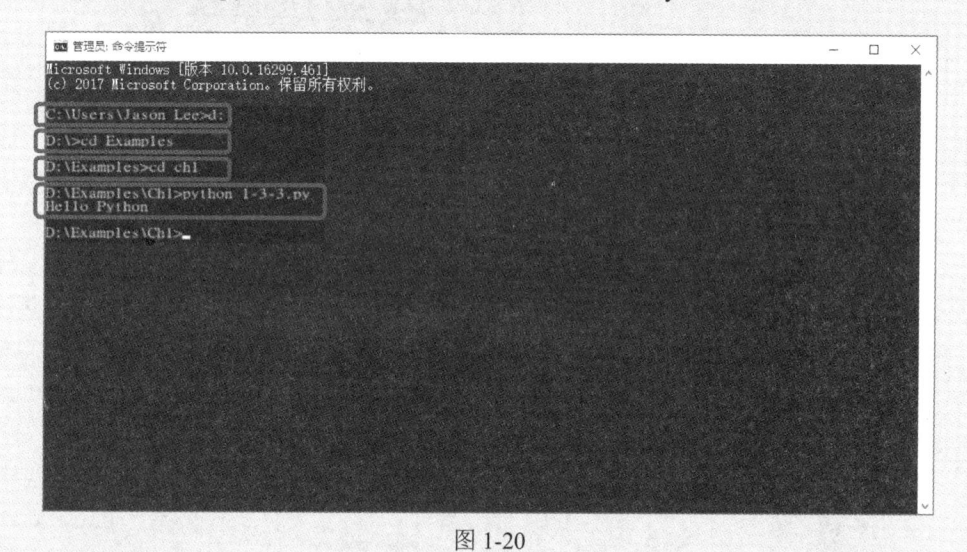

图 1-20

1-4 建议使用 Anaconda 套件开发

1-4-1　Anaconda 套件的下载与安装

Python 有很多套件可以额外安装，但要把相关套件都装好，可能需要几十次的安装指令，而且还不一定可以成功，但通过安装 Anaconda 套件就可以一次安装好，还可以再扩充其他套件。基于 Anaconda 套件的这个优势，本书建议大家选择 Anaconda 套件作为 Python 的开发环境。

Anaconda 套件内置了科学计算、数据分析、工程计算等 Python 套件，支持各种操作系统平台，完全免费与开源。安装 Anaconda 套件时，会一并安装 Spyder 集成开发环境及 Jupyter Notebook 环境。

要安装 Anaconda，可在浏览器中输入 Anaconda 官网地址 https://www.continuum.io/，单击"Download"按钮（图 1-21），会进入下载页面。

图 1-21

在下载页面，读者可以根据自己的操作系统选择下载对应的版本（图 1-22），下载的版本会伴随着软件更新而有所不同。

图 1-22

此处以 Windows 操作系统为例，安装过程如下。

Step1 执行下载的安装文件，出现安装窗口，单击"Next"按钮（图 1-23），进行 Anaconda 软件安装。

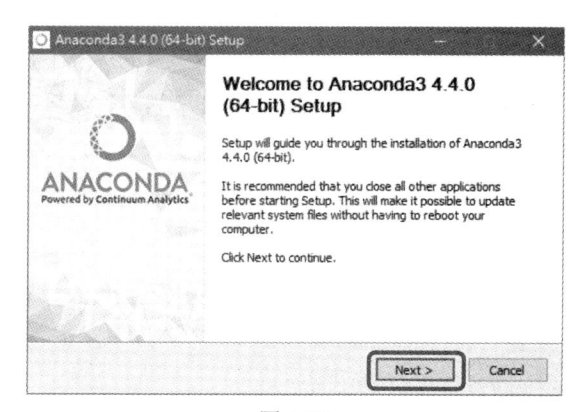

图 1-23

Step2 阅读软件许可协议，确定接受后单击"I Agree"按钮（图 1-24）进入下一个安装步骤。

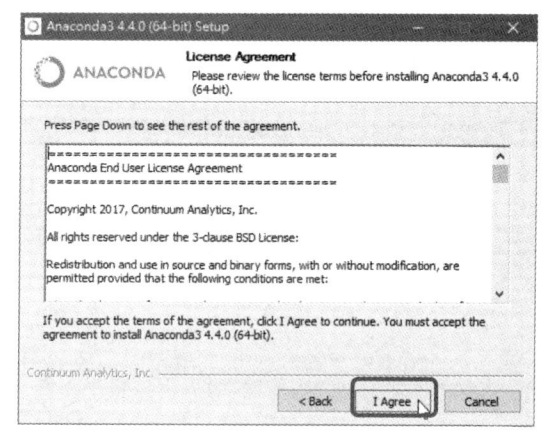

图 1-24

Step3 设置可以使用 Anaconda 软件的用户，完成后单击"Next"按钮（图 1-25）进入下一个安装步骤。

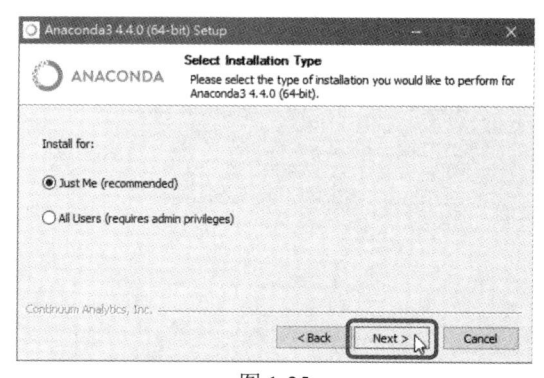

图 1-25

Step4 选择安装路径，确定后单击"Next"按钮（图1-26）进入下一个安装步骤。

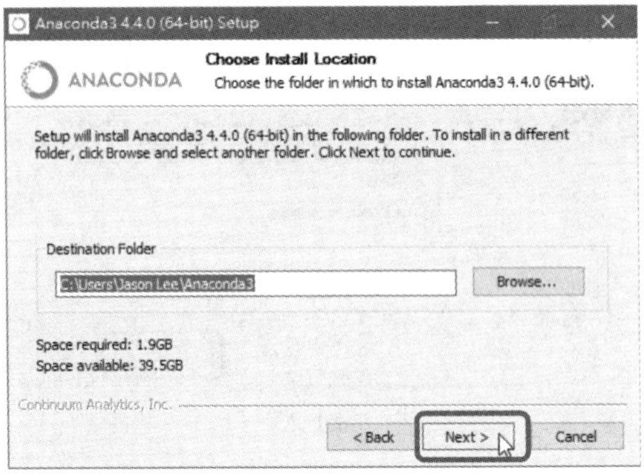

图 1-26

Step5 本书建议勾选"Add Anaconda to my PATH environment variable"与"Register Anaconda as my default Python 3.6"选项（图1-27），然后单击"Install"按钮。

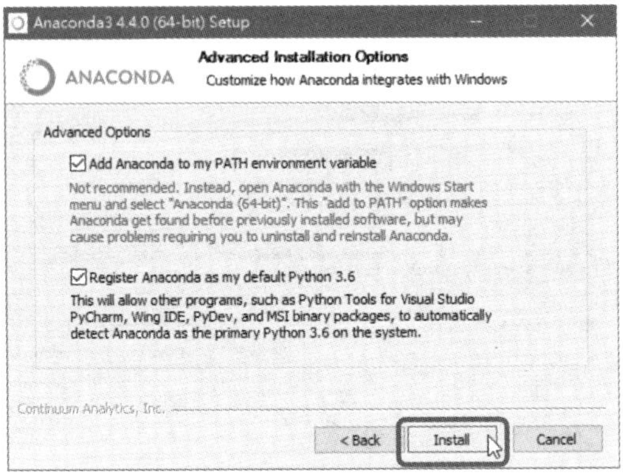

图 1-27

Step6 安装过程界面（图1-28）。

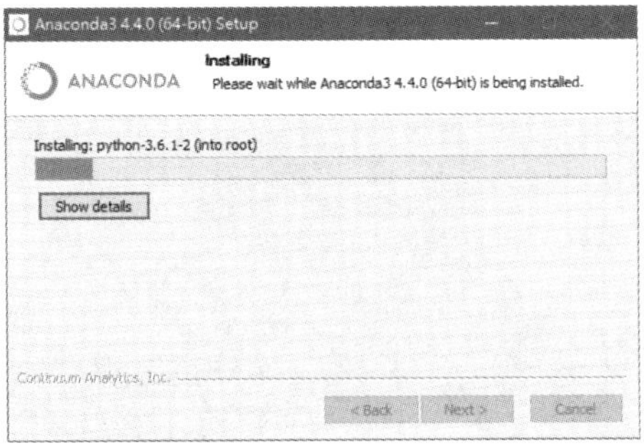

图 1-28

Step7　安装完成，接着单击"Next"（图 1-29）按钮。

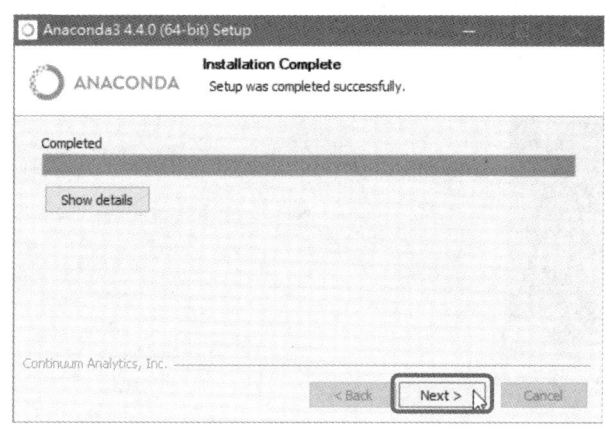

图 1-29

Step8　单击"Finish"按钮，完成所有安装（图 1-30）。默认状态下安装完成后会自动打开浏览器并进入 Anaconda Cloud 页面。

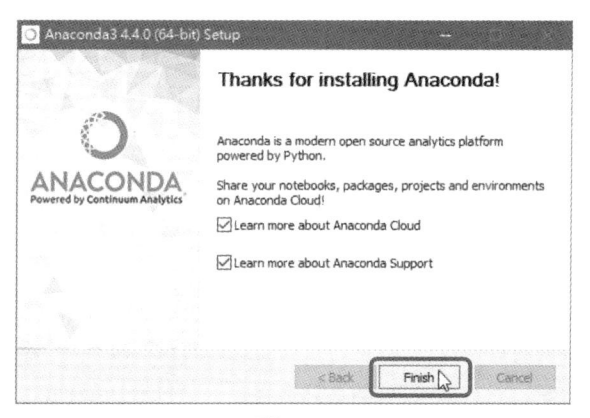

图 1-30

1-4-2　Spyder 编辑器的编辑与测试

在开始菜单中选中"Anaconda3 (64-bit) /Spyder"选项（图 1-31），可以启动 Spyder 编辑器。

进入 Spyder 编辑器后，软件会先自动检查软件的版本。如果版本不是最新版，Spyder 会提醒是否要更新到最新版（图 1-32）。如果不更新，可以单击"OK"按钮进入 Spyder 编辑器。如果希望下一次登录 Spyder 编辑器时不再进行版本检查，可以取消"Check for updates on startup"的选项。

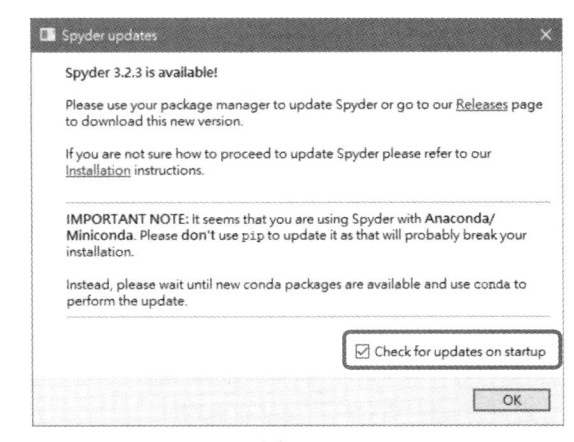

图 1-31　　　　　　　　　　　　　　　图 1-32

Spyder 编辑器大致可以分为"功能区""程序编辑区""对象、变量与文件浏览区"和"命令窗口区"等区域（图 1-33）。我们可以在"程序编辑区"输入程序代码。

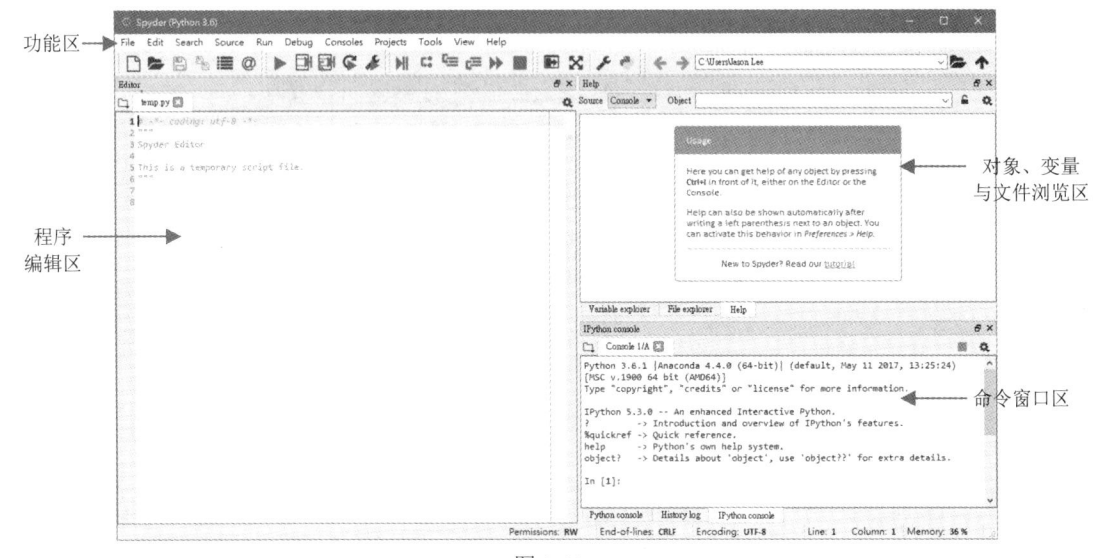

图 1-33

下面，我们练习在 Spyder 编辑器内创建一个新的 Python 文件。

Step1　在程序代码编辑区的第 7 行，输入"print ('Hello Python')"代码（图 1-34），希望让 Python 在 Spyder 命令窗口区输出"Hello Python"字符串。

Step2　Spyder 编辑器默认新创建的文件名称为"temp.py"，在菜单中选择"File/Save as…"（图 1-35）选项来另存文件。

图 1-34

图 1-35

Step3 接着选择要保存的文件夹并输入新的文件名。此例设定的文件夹为"D:\Examples\Ch1",文件名为"1-4-2",保存类型选择"Supported text files",确定后单击"保存"按钮(图 1-36)。

图 1-36

Step4 单击菜单下方功能区中的运行按钮 ▶（图 1-37），或是在菜单中选择"Run/Run"选项来运行程序。

图 1-37

Step5 随后出现运行设置窗口，此处按照默认选项即可。接下来单击"Run"按钮运行程序。如果希望下次运行程序时不要再出现这个设置窗口，可以将"Always show the dialog on a first file run"选项取消（图 1-38）。

图 1-38

Step6 在命令窗口区出现运行结果"Hello Python"字符串（图1-39）。

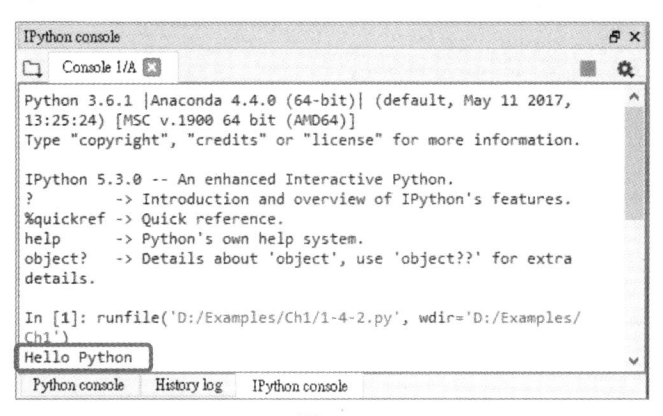

图 1-39

1-4-3 Jupyter Notebook 编辑器的编辑与测试

Anaconda 套件提供了 Jupyter Notebook 编辑器，此编辑器可让用户在浏览器中开发 Python 程序。我们在开始菜单中，选择"Anaconda3 (64-bit) /Jupyter Notebook"（图 1-40）选项可以打开这个编辑器。

图 1-40

我们可以看到，该编辑器默认的网址为 http://localhost:8888/tree（图 1-41）。通过 localhost 这个网址参数可以知道，系统在本机建立了一个网页服务器，其实际文件储存的默认路径为"C:\Users\用户名"。

图 1-41

TIPs 用"命令提示符"打开 Jupyter Notebook 编辑器

如果在开始菜单中运行"Anaconda3 (64-bit) /Jupyter Notebook"后,没有自动开启浏览器,我们可以打开命令提示字符窗口,在命令行中输入 jupyter notebook(图 1-42),这样也可以在浏览器中打开 Jupyter Notebook。

图 1-42

下面,我们练习在 Jupyter Notebook 编辑器内创建一个新的 Python 文件。

Step1 单击网页上的"New"下拉菜单,选取"Python 3"选项(图 1-43),来新建一个 Python 文件。

图 1-43

Step2 新文件的默认文件名是"Untitled",单击"Untitled"文件名可以设定新文件名,此处我们输入新文件名为"1-4-3",接着单击"Rename"按钮(图 1-44)。

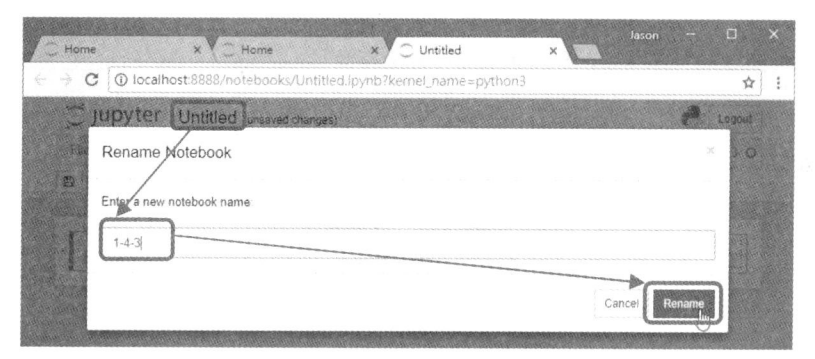

图 1-44

Step3 在 Cell 中(在 Jupyter 中,一段程序代码就是一个 Cell)输入"print ('Hello Python')"代码,接着单击运行按钮 ▶ (图 1-45)。

图 1-45

Step4 执行结果如图 1-46 所示。在程序编辑区的下方出现了运行结果"Hello Python"字符串。然后在执行结果的下方会出现一个新的 Cell，可以继续编写下一个程序。

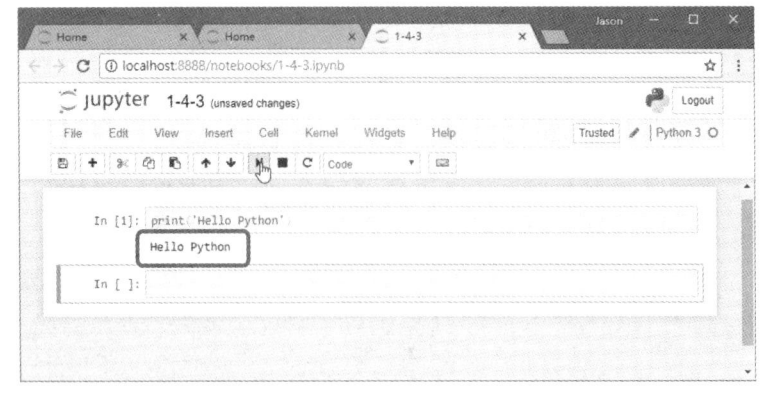

图 1-46

TIPs 使用 Jupyter Notebook 编辑器的扩展名

一般而言，Python 文件的扩展名为".py"，但使用 Jupyter Notebook 编辑器所编辑的 Python 文件，其扩展名为".ipynb"（图 1-47），因为 Jupyter Notebook 编辑器会在文件中加入 Jupyter 所需的其他信息。

图 1-47

习题

问答题

1. 高级语言与低级语言各自的优缺点是什么？
2. Python 语言有什么特点？
3. 语言翻译器有哪几种？

2 变量、数据类型与输入输出

在讲解 Python 语言的内容之前，假设要设计一个网络游戏，我们会想到，需要将玩家的账号、密码、昵称、生命、法力、攻击力等数据保存下来。要实现这个目的，可以使用变量（Variable）来保存这些数据。这些数据有些是字符串，有些是整数，不同的数据类型保存不同类型的变量。

2-1 变量的使用

变量是一个占有内存空间的数据存储区，它可以存放各种不同类型的数据。在 Python 语言中的变量，除了整型（int）变量之外，还有浮点型（float）、布尔型（bool）、字符串型（str）等数据类型。

程序的运行，一般是由一连串的"取数据""数据运算""数据保存"等操作所组成。当程序执行时，需要在内存中取得数据，只有程序知道数据所在的内存地址，才能正确获取所要的数据；程序语言为了让用户编写程序容易，特别地将数据的内存地址用变量的概念取代，程序中若要存取某数据，则通过变量名称就可存取。因此，可以将变量看作是内存中存放数据的空间。

图 2-1 是一个可视化的概念示意图。

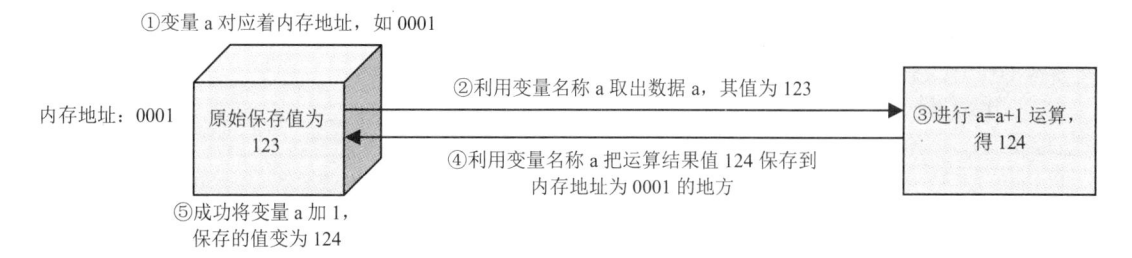

①变量 a 对应着内存地址，如 0001

内存地址：0001　原始保存值为 123

②利用变量名称 a 取出数据 a，其值为 123

③进行 a=a+1 运算，得 124

④利用变量名称 a 把运算结果值 124 保存到内存地址为 0001 的地方

⑤成功将变量 a 加 1，保存的值变为 124

图 2-1

2-1-1 变量的命名规则

在 Python 语言中，对于变量的命名必须遵守相应的规则，否则在程序执行时会发生错误，许多程序语言要求变量在使用之前必须先进行声明，以告知操作系统为其分配内存空间。Python 语言采用动态模式为变量分配内存空间，即在程序执行时才分配，因此，变量不需要事先声明就可以直接在程序中使用。

Python 的变量命名有一定的规则，其相关规则与注意事项如下：

- ➢ 变量名称可由大小写英文字母、数字、下划线、中文组成。通常，建议使用有意义的小写英文单词来命名，例如，可以把表示"学号"的变量名称命名为"stu_number"。
- ➢ 变量名称的第 1 个字母必须是大小写字母、下划线或中文字符，数字不能作为变量的起始字符。
- ➢ 英文字母区分大小写。如变量 STUDENT 和变量 student，代表两个不同的变量。
- ➢ 中文虽可作为变量名称，但本书并不建议使用。因为 Python 社区的大量链接库，几乎都是以英文来为变量命名，使用中文名称不利于与链接库接轨。
- ➢ 变量名称不能与 Python 内置的保留字相同。Python 内建的常见保留字包括：and、as、assert、break、class、continue、def、del、elif、else、except、False、finally、for、from、global、if、import、in、is、lambda、None、nonlocal、not、or、pass、raise、return、True、try、while、with、yield 等。

表 2-1 为几个错误的变量名称命名例子。

表 2-1

变量名称	错误原因
3pigs	第一个字母不能是数字
Happy New Year	变量之间不能有空格
class	变量名称不能与 Python 内建的保留字相同
Good!	不能使用特殊字符!

2-1-2 变量的赋值

Python 为变量赋值的过程很简单，变量不需声明直接就可以赋值，其赋值（assign）的语法为：
```
变量名称=变数值
```
例如：给变量 a 赋值为整数 5，其语法如下：
```
a=5
```
Python 会自动分配内存空间给变量 a，而且将该变量的变量值设定为 5。

我们在 Python 中使用变量时，不必指定其数据类型，Python 会自动根据等号右边的变量值来设定该变量的数据类型。

例如：给变量 b 赋值为浮点数 3.5，其语法如下：

b=3.5

例如：给变量 c 赋值为字符串 Good morning，其语法如下：

c='Good morning'

Python 的字符串可以使用单引号包括，也可以使用双引号包括，所以上一个例子也可以改为 c="Good morning"。

当我们一次要把同一个值赋给多个变量时，如要把变量 a、b、c 的值同时赋为 10，那么可以通过以下的简便方式：

a=b=c=10

另外，如果要在同一行为多个变量赋值，变量之间需要用半角的英文逗号分隔。例如，为变量 name 赋值为字符串 Jason，为变量 number 赋值为 35，其语法如下：

name, number='Jason' , 35

当某些变量不再使用时，我们可以通过 del 命令将该变量删除，以节省内存空间，其语法如下：

del 变量名称

案例：输出两个整型变量之和

参考文件：2-1-2.py　　　　学习重点：熟悉变量的赋值

一、程序设计目的

给变量 a 赋值为 1，给变量 b 赋值为 2，然后用 print() 函数输出这两个变量之和。

二、参考程序代码

行号	程序代码
1	a=1
2	b=2
3	print(a+b)

三、程序代码说明

> 第 1 行：把 1 赋给变量 a。
> 第 2 行：把 2 赋给变量 b。
> 第 3 行：用 print() 函数输出变量 a 和 b 的和。

四、执行结果

3

2-2 基本数据类型

Python 语言为变量提供了多种数据类型（Data Type），本节先介绍基本数据类型，包括：数值型、布尔型及字符串型，其他复合数据类型之后再进行讲解。

2-2-1 数值型

Python 数值类型主要包括整型（int）及浮点型（float）两种。整型是指不含小数点的数值，与数学上的意义相同，而浮点型则是指包含小数点的数值，举例如下：

```
money = 300  #整型为不含小数点的数值
price = 123.5  #浮点型为包含小数点的数值
```

代码中的"#"，是 Python 的单行注释符。"#"后面至行尾的代码，程序运行时解释器会忽略，不予执行。在编写代码时，适度地加上注释是很重要的工作。注释一般用来解释程序代码的意义，有利于代码的编写及后期维护。

在 Python 中，通常用 3 个双引号作为多行注释符。用三个双引号作为注释的开头，再用 3 个双引号作为注释的结束，被这两个符号所包含的范围都会被解释器忽略，参考例子如下：

```
#   单行注释
"""   多行注释的开头
Created on Tue Oct  3 12:56:19 2017
@author: Jason
多行注释的结尾    """
```

2-2-2 布尔型

布尔数据类型（bool）通常用于作为流程控制的条件判断，其可能的取值只有两个：True 和 False，此处的 T 及 F 都要大写，True 代表真，False 代表假。要将一个变量指定为布尔型，参考例子如下：

```
green_light = True      #green_light 为布尔型变量，值为真
switch = False          #switch 为布尔型变量，值为假
```

2-2-3 字符串

Python 的字符串数据类型（str）是以一对单引号"'"或双引号""" 含括起来，参考例子如下：

```
name_1 = '林书豪'   #以单引号含括字符串文字
name_2 = "陈伟霆"   #以双引号含括字符串文字
```

如果输出的字符串要包含引号本身（单引号或双引号），可使用另一种引号括住该字符串，例如：

```
good_word = "请常说'请'、'谢谢'、'对不起'"
```

输出 good_word 变量，可见其输出值为：请常说'请'、'谢谢'、'对不起'。

2-2-4 数据类型转换

Python 有多种数据类型，当不同数据类型的变量进行运算时，需要进行数据类型的转换。数据类型转换方式有两种：一种是自动类型转换，另一种是强制类型转换。

如果是整型变量与浮点型变量进行运算，Python 会先将整型转换为浮点型，然后再进行浮点型的运算，其运算结果为浮点类型，参考例子如下：

```
score = 60 + 5.5    #其运算结果为浮点型的值 65.5
```

如果是整型变量与布尔型变量运算，Python 会先将布尔型转换为整型，然后进行整数运算，其结果为整型。布尔值 True 转换成整型值 1，布尔值 False 转换成整型值 0，参考例子如下：

```
sum1 = True + 60    #其运算结果为整型的 61
sum2 = False + 60   #其运算结果为整型的 60
```

当系统无法自动进行数据类型转换时，就需开发人员通过数据类型转换指令来强制转换。Python 常用的强制数据类型转换指令有下列 3 个：

> int()：将括号内的数据强制转换为整型。
> float()：将括号内的数据强制转换为浮点型。
> str()：将括号内的数据强制转换为字符型。

参考例子如下：

如果整型值与字符串型的数字进行加法运算，会产生错误，此时，把字符串使用 int()指令强制转换为整型即可进行正常运算。

```
score = 67+ '33'          #运算发生错误
score = 67+ int('33')     #运算结果为整型的 100
score = 67+ int('33')     #其运算结果为整数类型的 100
```

另外，当我们以 print()函数输出数据时，字符串与数值的组合在输出时会发生错误。

```
score = 100
print ('成绩： '+score)   #数据类型不同会导致错误
```

这种情况下，我们可以用 str()函数，强制把整型值转换为字符串型的值，然后再进行输出。

```
score = 100
print ('成绩：'+str(score))   #其运算结果为：成绩：100
```

📎 TIPs type 指令

我们可以使用 type()函数来取得对象的数据类型，其语法如下：

type(对象)

参考例子如下：

```
a=5
b=10.0
c = True
d='Jason'
print(type(a),type(b),type(c),type(d))
```

输出 a、b、c、d 的数据类型，其输出结果如下（图 2-2）：

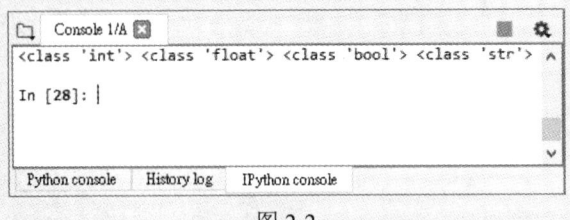

图 2-2

2-3 print()输出函数

print()输出函数是用来把指定对象的值输出到标准输出设备，标准的输出设备通常指屏幕，其语法为：

print (项目 1[, 项目 2, ……, sep=分隔符, end=结束符])

- 项目：print()函数输出时可以一次输出多个项目，每个项目之间以逗号分隔。在[]中的项目为可选项，包括：其他项目、分隔符、终止符等，可根据程序的需求进行添加。
- sep（分隔符）：Python 预设的分隔符为空格，开发人员可自行指定分隔符，用于分隔多个项目。
- end（结束符）：Python 默认的线束符为换行符\n。如果没有指定结束符，print()函数会在输出所有项目后进行换行。

参考例子如下：

整型变量 a 的值为 5，整型变量 b 的值为 10，使用 print()函数输出 a 和 b 的值，使用默认分隔符（空格），参考程序代码如下：

a=5
b=10
print (a, b)

其输出结果为：

5 10

如果想要改为用逗号作为分隔符来分隔 a 和 b 的输出结果，其 print()函数需要把指定的分隔符赋值给参数 sep，参考程序代码如下：

a=5
b=10
print (a, b, sep =',')

其输出结果为：

5,10

如果想让 print()在函数输出 a 后，不用默认的换行符（\n）作为结束符，而是改为以制表符(\t)作为结束符，然后再用 print()函数输出 b，则参考程序代码如下：

```
a=5
print (a,end='\t')
b=10
print (b)
```

其输出结果为:

```
5        10
```

如果想让 print() 函数输出数据后不直接换行,则可以将指定结束符的参数 end 的值设为空,参考程序代码如下:

```
a=5
print (a,end='')
b=10
print (b)
```

其输出结果为:

```
510
```

> **TIPs** Python 的特殊字符
>
> 当 print() 函数要输出一些特殊字符时,我们无法用键盘来直接输入或显示,此时就需要在特殊字符前加上反斜杠\(即逃逸符)。Python 的常见特殊字符见表 2-2。

表 2-2

特殊字符	说明
\\	输出反斜杠\
\'	输出单引号'
\"	输出双引号"
\n	输出换行符
\a	输出"哔"声
\t	输出制表符(Tab)
\b	输出退格符(Backspace)
\f	输出换页符

2-3-1 格式化输出功能

print() 函数可以以指定的格式来处理需输出的项目,即输出的格式化。其基本方式是由%字符加上一个格式符来控制输出的格式。print() 函数的格式化输出中,%s 表示字符串、%d 表示整数、%f 代表浮点数,其语法为:

```
print ('项目' %(参数行))
```

参考例子如下:

指定字符串变量 name 的值为"北京国贸",整型变量 height 的值为 330,然后用 print() 函数以格式化输出的方式，输出"北京国贸的高度为330米"，程序代码如下：

```
name = '北京国贸'
height = 330
print ('%s 的高度为%d 米' %(name,height))
```

其输出结果为：

北京国贸的高度为 303 米

另外，利用参数格式化输出的功能，还可以控制数据字符输出的位置、调整栏宽使文字对齐等，程序代码如下：

> 参考文件：2-3-1-1.py

```
building1 = '北京国贸'
building2 = '迪拜哈利法塔'
height1 = 303
height2 = 828.5
print ('%-20s 高度为%8d 米' %(building1, height1))
print ('%-20s 高度为%8.2f米' %(building2, height2))
```

其输出结果为（译者注：格式化输出对于中文字符的支持效果并不完美，换为英文字符，则效果比较好，如图 2-3 所示）：

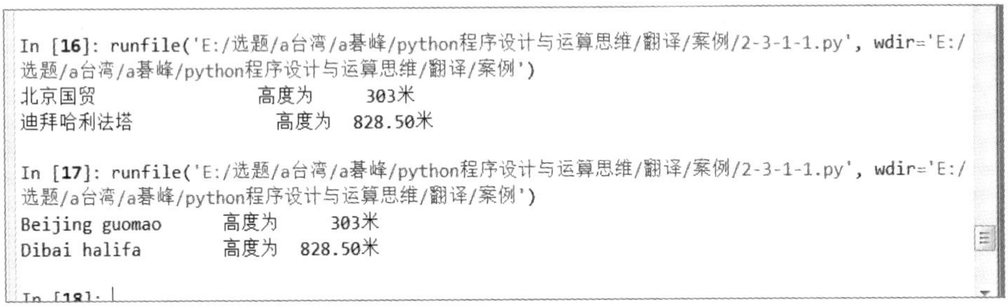

```
In [16]: runfile('E:/选题/a台湾/a碁峰/python程序设计与运算思维/翻译/案例/2-3-1-1.py', wdir='E:/
选题/a台湾/a碁峰/python程序设计与运算思维/翻译/案例')
北京国贸              高度为      303米
迪拜哈利法塔            高度为      828.50米

In [17]: runfile('E:/选题/a台湾/a碁峰/python程序设计与运算思维/翻译/案例/2-3-1-1.py', wdir='E:/
选题/a台湾/a碁峰/python程序设计与运算思维/翻译/案例')
Beijing guomao       高度为      303米
Dibai halifa         高度为      828.50米

In [18]:
```

图 2-3

格式符的说明如下：

➢ %-20s：输出字符型数据，占 20 个字符的宽度。Print()函数中，如果格式符前的数值为正，则是向右对齐，反之则向左对齐。此例中其数值为"-20"，所以在输出"北京国贸"字符串的右侧，会用空格补齐。

➢ %8d：固定输出 8 个字符，当整形数的值少于 8 个字符，则会在值的左方用空格填充，如果值内容的总长度大于 8 个字符，则会全部输出。

➢ %8.2f：浮点数输出，整个浮点数占 8 个字符宽度，小数点算 1 个字符，小数部分占 2 个字符，整数部分则占剩下 5 个字符，如果整数部分少于 5 个字符，则会在整数左方填入空格；如果小数部分小于 2 个字符，则会在右方补 0，因此浮点数 828.5 的输出为 828.50。

2-3-2　format()方法

Python 的 format()方法也可以用来格式化输出数据，其基本语法如下：

```
print ( '{0}{1} …'.format (参数 0，参数 1…))
```
参考例子如下：
```
building = 'Beijing Guomao'
height = 330.11
print ('{0}的高度为{1}米'.format (building, height))
```
此例中，format()方法中的第 1 个参数 building 与{0}对应，在输出的时候，{0}会被变量 building 的值替换；第 2 个参数 height 与{1}对应，输出时，{1}会被变量 height 的值替换。因此其输出结果为：

Beijing Guomao 的高度为 330.11 米

我们对于{}中的部分，还可以进一步设置格式化，参考例子如下：

【参考文件】2-3-2-1.py
```
building = 'Beijing101'
height = 330.11
print ('{0:10s}的高度为{1:6.1f}公尺'.format (building, height))
```
此例中，设置第 1 个参数变量 building 以字符串格式输出，占 10 个字符的位置，但 building 的值为字符串"Beijing Guomao"，其长度为 14 个字符，超过了所设置的长度，因此会按实际宽度进行输出；第 2 个参数的输出格式设为 6.1f，也就是设置变量 height 的输出共占 6 个字符，其中，小数点占 1 个字符，小数部分占 1 个字符，整数部分就占 4 个字符，浮点数 330.11 经过格式化后，小数部分四舍五入后只留 1 位，整数的部分会在前方留下 1 个空格，因此会输出"330.1"，其输出结果如图 2-4 所示。

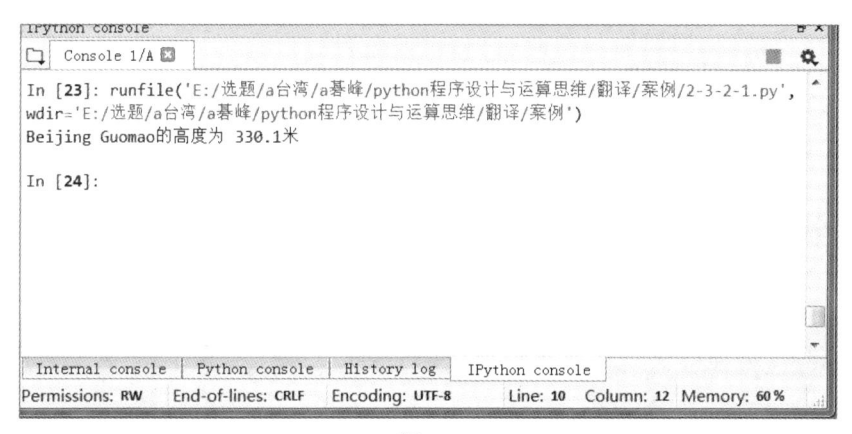

图 2-4

2-4　input()输入函数

print()函数是把数据输出到标准输出设备（通常指屏幕），而 input()函数则可以让用户从标准输入设备（通常指键盘）来输入数据。为了读取用户输入的数据，我们会把输入的数据保存到变量中，input()函数的语法如下：

变量 = input(提示信息)

由 input()函数读进来的数据，其数据类型都会被视为字符串。在下面的例子中，用户输入的数据 Jason 和 35，分别存入变量 name 和 age 之中，再通过 print()函数进行输出，每个数据间用制表符（\t）作为结尾。另外，我们用 type()函数检查变量 name 和变量 age 的数据类型，可见，其类型都是字符串型。

📄 参考文件：2-4-1.py

```
name=input('请输入您的姓名：')
age=input('请输入您的年龄：')
print('您的姓名是：',name,'\t 年龄：',age)
print(type(name),type(age))
```

其输出结果（图 2-5）为：

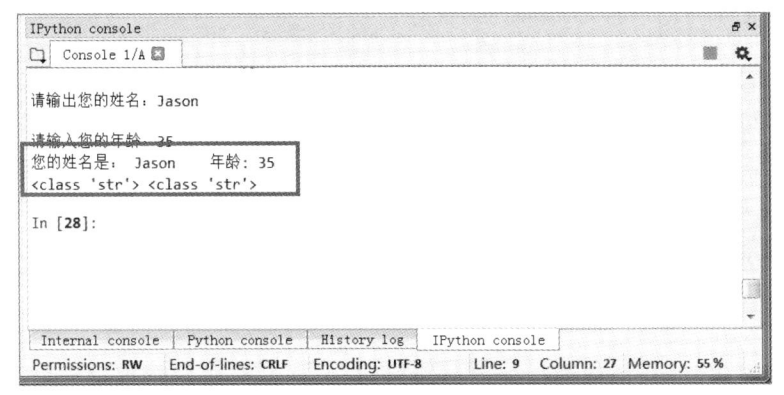

图 2-5

2-5 程序练习

练习题 1：使用 print()输出函数，输出各种数据类型

📄 参考文件：2-5-1.py　　✏️ 学习重点：熟悉 print()函数与基本数据类型

一、程序设计目的

设置一个字符串型变量 s 并赋初值为 good，设定整型变量 i 并赋初值为 1，设置浮点型变量 j 并赋初值为 2.0，然后用 3 个 print()函数分别将以上 3 个变量的值进行输出，每个变量的值输出时占 8 个字符，浮点型变量的小数部分占 2 个字符，最后用 type（）函数输出每个变量的数据类型，其执行结果如图 2-6 所示。

```
This program show how to print variables and types
s =     good 数据类型：<class 'str'>
i =        1 数据类型：<class 'int'>
j =     2.00 数据类型：<class 'float'>

Process finished with exit code 0
```

图 2-6

二、参考程序代码

行号	程序代码
1	#这是使用 print()函数输出的程序例子/
2	s='good' #字符串型变量 s，赋值为 good
3	i=1 #整型变量 i，并赋值为 1
4	j=2.0 #浮点型变量 j，并赋值为 2.0
5	print('This program show how to print variables and types')
6	print('s = %8s 数据类型：%s' %(s,type(s))) #输出字符串型变量 s 及其数据类型
7	print('i = %8d 数据类型：%s' %(i,type(i))) #输出整数变量 i 及其数据类型
8	print('j = %8.2f 数据类型：%s' %(j,type(j))) #输出浮点数变量 j 及其数据类型

三、程序代码说明

➢ 第 1 行：用#为本案例代码作注释（单行注释）。
➢ 第 2 行：设置字符串型变量 s 并赋初值 good。
➢ 第 3 行：设置整型变量 i 并赋初值 1。
➢ 第 4 行：设置浮点型变量 j 并赋初值 2.0。
➢ 第 5 行：直接输出 This program show how to print variables and types 字符串。
➢ 第 6 行：输出字符串型变量 s，占 8 个字符的宽度，然后用 type()函数输出其数据类型。
➢ 第 7 行：输出整型变量 i，占 8 个字符的宽度，然后用 type()函数输出其数据类型。
➢ 第 8 行：输出浮点型变量 j，占 8 个字符的宽度，用%8.2f 来控制小数部分的宽度占 2 个字符，然后用 type()函数输出其数据类型。

练习题 2：使用 input()输入函数，读入各种数据类型后输出

参考文件：2-5-2.py   学习重点：熟悉 input()函数与基本数据类型

一、程序设计目的

使用 input()函数，让用户分别输入三种类型的数据（整型值、浮点型值和字符串型值），然后将用户输入的数据，根据不同的数据类型输出到屏幕。由于 input()函数输入的数据都会被默认为字

符串类型，因此，在输出整型或浮点型数据的时候，我们一般会搭配强制数据类型转换的函数，如 int()或 float()等。图 2-7 为输入整型数 100、浮点型数 1.5 及字符串"早安"的执行结果。

```
请输入整数：100
请输入浮点数：1.5
请输入文字：早安
The integer you give us is 100
The floating point you give us is 1.500000
The string you give us is 早安

Process finished with exit code 0
```

图 2-7

二、参考程序代码

行号	程序代码
1	#这是使用 input（）函数输入数据的例子
2	variable1=input('请输入整型数：')
3	variable2=input('请输入浮点型数：')
4	variable3=input('请输入文字：')
5	print('The integer you give us is %d' %int(variable1))
6	print('The floating point you give us is %f' %float(variable2))
7	print('The string you give us is %s' %(variable3))

三、程序代码说明

- 第 1 行：用#为案例代码作注释（单行注释）。
- 第 2 行：设置变量 variable1 用来保存用户输入的整数。
- 第 3 行：设置变量 variable2 用来保存用户输入的浮点数。
- 第 4 行：设置变量 variable3 用来保存用户输入的字符串型数据。
- 第 5 行：用强制数据转换函数 int()将字符串转换成整型数据，然后用 print()函数输出其内容。
- 第 6 行：用强制数据转换函数 float()将字符串转成浮点型数据，然后用 print()函数输出其内容。
- 第 7 行：直接用 print()函数输出变量 variable3 的值。

习题

选择题

（　　）1. 根据 Python 的变量命名规则，判断下列哪个变量名称是错误的。

　　　　A．ABC　　　　　　B．Number　　　　C．3Nike　　　　　D．Hi_1

（　）2. 下列程序代码中可执行的代码有几行？

```
I=0
# hello world!
j=8.5
""" float g;
k=8 """
```

　　　　A．1 行　　　　　　B．2 行　　　　　　C．3 行　　　　　　D．4 行

（　）3. Python 代码的行尾需要用哪个符号作为结束符？

　　　　A．句号　　　　　　B．逗号　　　　　　C．分号　　　　　　D．无

（　）4. 要将字符串型数据强制转换为浮点型数据，要使用哪一个函数？

　　　　A．float()　　　　　B．double()　　　　C．int()　　　　　　D．str()

（　）5. 用 print()函数时如果要把输出数据用制表符分隔，需使用下列哪个特殊字符？

　　　　A．\n　　　　　　　B．\\　　　　　　　C．\t　　　　　　　D．\

（　）6. 在如下程序代码中，请由上而下选择每个变量对应的数据类型。

```
Name= 'Jason'
age = 35
member = False
money = 85694.59
```

　　　　A．bool、str、float、int　　　　　　　B．bool、str、int、float
　　　　C．str、float、bool、int　　　　　　　D．str、int、bool、float

（　）7. 下列 input()函数所输出的数据是什么数据类型？

```
year = input("输入年份: ")
```

　　　　A．bool　　　　　　B．int　　　　　　　C．float　　　　　　D．str

（　）8. 下列程序代码的输出结果是什么？

```
x1 = "30"
y1 = 2
a = x1 * y1
print(a, type(a))
```

　　　　A．3030 <class 'str'>　　　　　　　　B．60 <class 'str'>
　　　　C．3030 <class 'int'>　　　　　　　　D．60 <class 'int'>

（　）9. 下列哪一行代码可以把用户的输入数据转成整型？

　　　　A．Items = float(input("个数："))　　　B．Items = input("个数：")
　　　　C．Items = int(input("个数："))　　　　D．Items = str(input("个数："))

（　）10. 下列输出支出减去预算的代码哪个是正确的？

```
spend = input("你花费多少钱？")
budge = input("你的预算多少？")
```

　　　　A．print("支出减去预算= "+(int(spend)-int(budge))+"元")
　　　　B．print("支出减去预算="+str(int(spend)-int(budge))+" 元")

    C．print("支出减去预算="+int(spend-budge)+"元")
    D．print("支出减去预算="+str(spend+budge)+" 元")
（ ）11．要输出一个小于 20 个字符的数据，并且在右侧用空格补齐，下列哪个格式是正确的？
    A．%-20s   B．%20s   C．%-20c   D．%20c
（ ）12．要使输出的浮点数占 7 个字符宽度且右对齐，并且小数点后占两位，下列哪个格式是正确的？
    A．%5.2f   B．%-5.2f   C．%7.2f   D．%-7.2f
（ ）13．下列哪个输出结果中可以包含用单引号括起来的请字？
    A．"请常说"请"" B．'请常说'请' C．"请常说'请'" D．以上皆非

问答题

1．变量有什么意义？
2．请写出变量赋值语法。
3．请写出删除（释放）变量的语法。
4．请写出 print()输出函数的语法。
5．请写出 input()输入函数的语法。

3

运算符与表达式

表达式（expression）是由运算符（operator）和操作数（operand）组成，Python 的运算符有赋值运算符、算术运算符、逻辑运算符等类型，操作数可以是常量、变量或是函数。

运算符用来指定数据做何种运算，操作数是参与运算的数据，以下举一个例子来说明：

a = 1

在此例子中，等号就是一个赋值运算符，操作数是 a 和 1，由运算符和操作数组成表达式 a = 1。接下来介绍 Python 语言中不同类型的运算符。

3-1 赋值运算符

Python 语言的赋值运算符(assignment operator)是"＝"，通过这个运算符，可以把等号右边的值（常数、变量或表达式），赋给等号左边的变量。

参考下面的程序代码：

```
a=5         #把常数 5 赋给变量 a
b=a+5       #把表达式 a+5 的结果赋给变量 b
print('a=%d b=%d' %(a,b))
```

第 1 行代码将常数 5 赋给变量 a；第 2 行代码将 a+5 的结果指定给变量 b；第 3 行代码分别输出整型变量 a 和 b 的值。

执行结果如下：

a=5 b=10

另外，我们在 Python 语言中，常常可以看到下面这种代码形式，例如：

```
i=0
i=i+1
```

第 1 行代码把常数 0 赋给变量 i；第 2 行代码将右侧的变量 i 加 1 之后，再赋给左侧的变量 i，所以 i 值会变为 1，如果变量 i 未指定初始值，则此运算在程序运行时会产生错误。

3-2 算术运算符

算术运算符是最常用的运算符类型，在各种数学计算中常常会用到。Python 语言提供的算术运算符包括+、-、*、/（加减乘除运算符）、%（取余运算符）、//（取商运算符）、**（指数运算符）等。

表 3-1 为列举算术运算符的运算例子。

表 3-1

算术运算符	意义	例子	运算结果
+	加	5+3	8
-	减	5-3	2
*	乘	5*3	15
/	除	5/3	1.6666666666666667
%	取余运算	5%3	2
//	取商运算	5//3	1
**	指数运算	5**3	125

程序例子：两个数字的加减运算

📄 参考文件：3-2-1.py　　📝 学习重点：熟悉加法和减法运算符的使用

一、程序设计目的

让用户输入两个数字，之后分别输出两数的和与差。

图 3-1 为输入 66.6 和 33.3 后，分别存入变量 num1 和变量 num2 中，然后计算 num1+num2 和 num1-num2 的结果。

```
请输入数字1：66.6
请输入数字2：33.3
66.600000+33.300000=99.900000
66.600000-33.300000=33.300000

Process finished with exit code 0
```

图 3-1

二、参考程序代码

行号	程序代码
1	#简单的加减运算程序

2	num1=float(input('请输入数字 1：'))
3	num2=float(input('请输入数字 2：'))
4	print('%f+%f=%f' %(num1,num2,num1+num2))　　#输出两数的和
5	print('%f-%f=%f' %(num1,num2,num1-num2))　　#输出两数的差

三、程序代码说明

- 第 1 行：通过#为程序作注释。
- 第 2 行：用 input()函数输入数据，并把输入数据存入变量 num1。由于输入的数据默认为字符串类型，所以用 float()函数强制转换为浮点型。
- 第 3 行：使用 input()函数输入下一个数据并存入变量 num2，由于输入的数据默认为字符串类型，所以用 float()函数强制转换为浮点型。
- 第 4 行：进行 num1+num2 运算，然后用 print()函数输出两数的和。
- 第 5 行：进行 num1-num2 运算，然后用 print()函数输出两数的差。

程序案例：把华氏度转换为摄氏度

参考文件：3-2-2.py　　　　学习重点：熟悉乘法和除法运算符的使用

一、程序设计目的

华氏度（℉）转换成摄氏度（℃）的公式是 C = (F -32)*(5/9)，请编写一段程序，实现输入华氏度后，输出摄氏度。

图 3-2 为输入华氏度为 96 的执行结果。

```
请输入华氏温度：96
96.00华氏度等于35.56摄氏度

In [49]:
```

图 3-2

二、参考程序代码

行号	程序代码
1	#华氏度转换为摄氏度程序
2	F=float(input('请输入华氏温度：'))　　#输入华氏温度
3	C=(F-32)*(5/9)　　#使用公式对温度进行转换
4	print('%.2f 华氏度等于%.2f 摄氏度' %(F,C))

三、程序代码说明

- 第 1 行：用#为整段代码加注释。
- 第 2 行：使用 input()函数输入华氏度的数值并存入变量 F，由于输入数据默认为字符串类型，所以通过 float()函数强制将字符串型数据转换为浮点型数据。
- 第 3 行：直接使用温度转换公式进行温度转换，并将计算结果存入变量 C。
- 第 4 行：使用 print()函数输出华氏度转换为摄氏度的结果。

TIPs 括号

在表达式中，括号运算符具有最高优先级。用括号括起来的部分，在运算中都会优先计算。如果不知道每个运算符的优先级，那就可以用括号来确保其优先权。例如有如下表达式：

$$num = (3+2*3)*(3-1)$$

当乘除运算符与加减运算符在一起时，乘除运算符会先计算，因此左边括号内 2*3 会先运算，结果为 6，再加上 3 得到 9；而右边括号内 3-1 的运算结果为 2，最后 9 乘以 2 得到变量 num 的值 18。如果不确定运算符的优先级，可以再加上括号来确认，因此此例的表达式可以改为：

$$num = (3+(2*3))*(3-1)$$

程序案例：糖果分发程序

📄 参考文件：3-2-3.py　　✏️ 学习重点：熟悉取商与取余运算符的使用

一、程序设计目的

写一个糖果分发程序，让用户输入糖果数量及小朋友人数，程序会自动计算每位小朋友可以分得几块糖果，还会剩下几块糖。

图 3-3 为使用者输入糖果数为 17 及小朋友数为 5 的执行结果，其计算结果为 "每位可以分得 3 块，还剩下 2 块糖"。

```
翻译/案例代码及开发环境安装软件/案例源代码/Ch3')

请输入糖果数量：17

请输入小朋友数量：5
每位可以分得3块，还剩下2块糖

In [50]:

Internal console | Python console | History log | IPython console
```

图 3-3

二、参考程序代码

行号	程序代码
1	#糖果分发程序
2	candy=int(input('请输入糖果数量：'))
3	mem=int(input('请输入小朋友数量：'))
4	print('每位可以分得%d 块，还剩下%d 块糖'%(candy//mem,candy%mem))

三、程序代码说明

> 第 1 行：用#为程序作注释。

> 第 2 行：用 input()函数输入糖果数量并存入 candy，由于输入的数据默认为字符串类型，所以用 int()函数强制把其转换为整型。

> 第 3 行：用 input()函数输入小朋友数量，并存入 mem 变量，由于输入的数据默认为字符串类型，所以用 int()函数强制把其转换为整型。

> 第 4 行：运用取商运算符//和取余运算符%，分别取得糖果数除以小朋友人数后的商及余数，然后用 print()函数输出。

TIPs divmod()函数

Python 中所提供的 divmod()函数可以直接计算商数和余数，其语法如下：

divmod (a, b)

divmod()函数会返回参数 a 除以 b 的商及余数。例如，divmod(17,5)的运算结果为(3, 2)。
（译者注：运算结果数据类型为元组类型，后面会详细讲述）

程序案例：计算考试成绩平均分

参考文件：3-2-4.py   学习重点：熟悉算术运算符与括号的使用

一、程序设计目的

输入语文、英语、数学三门课程的考试成绩后，计算并输出其平均成绩，要求输出的平均成绩占 8 个字符宽度，小数部分占两位。执行程序后，我们分别为这三门课程输入成绩 89、77、99，则输出结果如图 3-4 所示。

```
请输入语文成绩：89
请输入英语成绩：77
请输入数学成绩：99
平均分数为：    88.33

Process finished with exit code 0
```

图 3-4

二、参考程序代码

行号	程序代码
1	#计算三门课程的平均分数
2	chinese=int(input('请输入语文成绩：'))
3	english=int(input('请输入英语成绩：'))
4	math=int(input('请输入数学成绩：'))
5	average=(chinese+english+math)/3 #将分数相加后除以 3
6	print('平均分数为：%8.2f' %(average))

三、程序代码说明

> 第 1 行：用#为程序作注释。
> 第 2 行：用 input()函数输入语文课程的成绩并保存到变量 chinese 中，由于输入的数据会被默认为字符串类型，所以我们用 int()函数把其强制转换为整型。
> 第 3 行：用 input()函数输入英语课程的成绩并保存到变量 english 中，由于输入的数据会被默认为字符串类型，所以我们用 int()函数把其强制转换为整型。
> 第 4 行：用 input()函数输入数学课程的成绩并保存到变量 math 中，由于输入的数据会被默认为字符串类型，所以我们用 int()函数把其强制转换为整型。
> 第 5 行：先计算括号内的表达式 chinese+english+math，然后除以 3 得到平均分数，并将平均分数保存到变量 average 中。
> 第 6 行：使用 print()函数输出变量 average 的值，并且通过%8.2f 控制其输出的格式。

3-3 关系运算符

关系运算符是实现比较运算的运算符，比较运算的结果有两种：条件成立结果为真（True），条件不成立结果为假（False）。关系运算符主要用于程序的流程控制。

表 3-2 为常用的关系运算符及示例。

表 3-2

关系运算符	意义	示例	运算结果
>	大于	5>2	True
<	小于	5<2	False
>=	大于等于	5>=2	True
<=	小于等于	5<=2	False
==	等于（与赋值不同）	5==2	False
!=	不等于	5!=2	True
>	大于	5>2	True

参考下面的例子：

a=5
b=(a==5)
print(b)

上面这 3 行表达式会使得 b 的值变为 True。因为在第 1 行代码中，变量 a 的初值为 5；在第 2 行代码中(a==5)这个关系表达式的值为"True"，Python 会把"True"赋给变量 b，从而把变量 b 自动识别为 Boolean 类型。

再参考下面的例子：

a=15
b=(a==5)
print(b)

上面这 3 行代码会使得 b 的值变为 False。因为在第 1 行代码中将变量 a 的初值设为 15；在第 2 行代码中的(a==5)这个关系表达式的运算结果为"False"，把"False"这个值赋给变量 b，所以变量 b 的值为 False。

> **TIPs 一个等号与两个等号**
>
> 中文中，"等于"这个词常常隐含了比较的意思，但在 Python 语言中，若要比较两个数是否相等，必须用关系运算符==。请读者务必要清楚两个运算符的不同之处，一个等号是赋值运算符，两个等号是关系运算符。

程序案例：两个数字的大小关系

参考文件：3-3-1.py　　　　学习重点：熟悉关系运算符的使用

一、程序设计目的

输入两个数字，然后用不同的关系表达式输出两数相比较的结果。

图 3-5 是先输入 55 和 66 这两个数后，分别存入变量 num1 和 num2，然后计算 num1==num2、num1>num2、num1<num2 的运算结果。

```
请输入数字1: 55
请输入数字2: 66
数字1是否等于数字2: False
数字1是否大于数字2: False
数字1是否小于数字2: True

Process finished with exit code 0
```

图 3-5

二、参考程序代码

行号	程序代码
1	#两个数字的大小关系
2	num1=float(input('请输入数字 1：'))
3	num2=float(input('请输入数字 2：'))
4	print('数字 1 是否等于数字 2：%s'%(num1==num2))
5	print('数字 1 是否大于数字 2：%s'%(num1>num2))
6	print('数字 1 是否小于数字 2：%s'%(num1<num2))

三、程序代码说明

> 第 1 行：用#为本段代码作注释。
> 第 2 行：用 input()输入函数输入第 1 个数，并存入变量 num1。由于输入的数据 Python 会默认为字符串类型，所以我们用 float()函数把其强制转换为浮点型数据。
> 第 3 行：用 input()输入函数输入第 2 个数，并存入变量 num2。由于输入的数据 Python 会默认为字符串类型，所以我们用 float()函数把其强制转换为浮点型数据。
> 第 4 行：通过关系表达式 num1==num2 进行比较运算，然后用 print()函数输出判断结果。
> 第 5 行：通过关系表达式 num1>num2 进行比较运算，然后使用 print()函数输出判断结果。
> 第 6 行：通过关系表达式 num1<num2 进行比较运算，然后使用 print()函数输出判断结果。

3-4 逻辑运算符

Python 语言提供了三个逻辑运算符，分别为 and、or、not，逻辑运算符常与关系运算符结合使用，见表 3-3。

表 3-3

逻辑运算符	意义	示例	运算结果
and	与	(5>3)and(3>2)	True
		(5>3)and(3<2)	False
		(5<3)and(3>2)	False
		(5<3)and(3<2)	False
or	或	(5>3)or(3>2)	True
		(5>3)or(3<2)	True
		(5<3)or(3>2)	True
		(5<3)or(3<2)	False
not	非	not(5>3)	False
		not(5<3)	True

判断一个整数是否是两位（即这个整数要大于等于 10 并且小于 100），示例如下：

```
a=30
b=(a>=10 and a<100)
print(b)
```

上面的 3 行代码会使 b 的值变为 True。因为变量 a 的初值为 30，其值大于等于 10 也小于 100，所以逻辑表达式的结果为 True，所以变量 b 为 True。表 3-4 为逻辑运算的真值表（Truth Table）。

表 3-4

and		返回值	or		返回值	not	返回值
False	False	False	False	False	False	False	True
False	True	False	False	True	True	True	False
True	False	False	True	False	True		
True	True	True	True	True	True		

程序案例：判断一个整数是否为 3 位数

参考文件：3-4-1.py　　　学习重点：熟悉逻辑运算符的使用

一、程序设计目的

输入一个整数，判断该整数是否为 3 位数。

图 3-6 为输入 3 位数 777 的执行结果。

```
请输入整数：777
777是3位数的逻辑判断为True

In [2]:
```

图 3-6

图 3-7 为输入非 3 位数 88 的执行结果。

```
请输入整数：88
88是3位数的逻辑判断为False

In [3]:
```

图 3-7

二、参考程序代码

行号	程序代码
1	#判断一个整数是否为 3 位数
2	num=int(input('请输入整数：'))
3	judge=(num>=100 and num<1000)
4	print("%d 是 3 位数的逻辑判断为%s'%(num,judge))

三、程序代码说明

➢ 第 1 行：用#为本段程序作注释。
➢ 第 2 行：用 input()函数输入一个整数，并把它保存到变量 num 中。由于 Python 会把输入的数据默认为字符串类型，所以用 int()函数强制把其转换为整型。
➢ 第 3 行：用 and 逻辑运算符判断 num 是否介于 100 和 1000 之间，如果逻辑表达式的结果为真，则变量 judge 的值会变为 True，反之则变为 False。
➢ 第 4 行：用 print()函数输出变量 num 的值以及逻辑运算的结果。

3-5 复合赋值运算符

赋值运算符是将等号右边的值（常数、变量或表达式），赋给等号左方的变量。当等号左右两边为同一个操作数时，如 num = num + 1，则我们可以通过复合赋值运算符，将以上表达式缩写为 num += 1。相关的复合赋值运算符见表 3-5。

表 3-5

复合赋值运算符	意义	原表达式	缩写后表达式
+=	加法	A=A+3	A += 3
-=	减法	A=A-3	A -= 3
*=	乘法	A=A*3	A *= 3
/=	除法	A=A/3	A /= 3
%=	求余数	A=A%3	A %= 3
//=	求商数	A=A//3	A //= 3
**=	指数	A=A**3	A **= 3

假设变量 A 的值是 8，则相关的复合赋值运算符的计算结果见表 3-6。

表 3-6

复合赋值运算符	意义	例子	运算结果
+=	加法	A += 3	11
-=	减法	A -= 3	5
*=	乘法	A *= 3	24
/=	除法	A /= 3	2.6666666666666665
%=	求余数	A %= 3	2
//=	求商数	A //= 3	2
**=	指数	A **= 3	512

TIPs 运算符类型与运算顺序

根据操作数的个数不同，运算符可以分为单目运算符及双目运算符。单目运算符是指运算符的操作对象只有一个操作数，如 not，单目运算符位于操作数之前；双目运算符是指运算符的操作对象有两个操作数，如算术运算符中的加法运算，双目运算符位于两个操作数中间。

在 Python 语言中，运算符的优先级由高到低的顺序见表 3-7。

表 3-7

优先级	运算符	说明
1	()	括号
2	**	指数
3	not、-	逻辑运算符 not、负号
4	*、/、%、//	算术运算符的乘法、除法、余数、商数
5	+、-	算术运算符的加法和减法
6	>、>=、<、<=	关系运算符的大于、大于等于、小于和小于等于
7	==、!=	关系运算符的等于和不等于
8	and、or	逻辑运算符的 and、or
9	=	赋值运算符

3-6 程序练习

练习题 1：两个数字的乘除运算

参考文件：3-6-1.py　　学习重点：熟悉乘法和除法运算符的使用

一、程序设计目的

输入两个数字,输出两数的相乘及相除的结果。

图 3-8 为输入 10 和 4 后的相关运算结果。

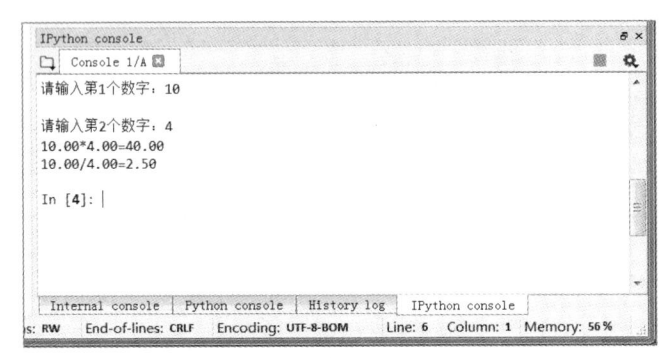

```
IPython console
 Console 1/A
请输入第1个数字:10

请输入第2个数字:4
10.00*4.00=40.00
10.00/4.00=2.50

In [4]:
```

图 3-8

二、参考程序代码

行号	程序代码
1	#两个数字的乘除运算
2	num1=float(input('请输入第 1 个数字:'))
3	num2=float(input('请输入第 2 个数字:'))
4	print('%.2f*%.2f=%.2f' %(num1,num2,num1*num2)) #输出相乘的结果
5	print('%.2f/%.2f=%.2f' %(num1,num2,num1/num2)) #输出相除的结果

三、程序代码说明

- 第 1 行:用#为本段代码作注释。
- 第 2 行:使用 input()函数输入第 1 个值并保存到变量 num1 中。由于 Python 默认输入的数据为字符串类型,所以用 float()函数把其强制转换为浮点型数据。
- 第 3 行:使用 input()函数输入第 2 个值并保存到变量 num2 中。由于 Python 默认输入的数据为字符串类型,所以用 float()函数把其强制转换为浮点型数据。
- 第 4 行:进行乘法运算,然后用 print()函数结合格式化参数%.2f,输出相乘的结果。
- 第 5 行:进行除法运算,然后用 print()函数结合格式化参数%.2f,输出相除的结果。

练习题 2:摄氏度转华氏度

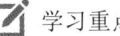

参考文件:3-6-2.py   学习重点:熟悉括号与乘除运算符的使用

一、程序设计目的

编写一个程序，输入摄氏度后，输出华氏度。摄氏度（℃）转换成华氏度（℉）的公式是 F= C*9/5+32。

图 3-9 为输入摄氏度 28 的程序执行结果。

图 3-9

二、参考程序代码

行号	程序代码
1	#摄氏度转华氏度
2	C=float(input('请输入摄氏度：')) #输入摄氏度
3	F=C*(9/5)+32 #使用公式转换温度
4	print("%.2f 转换为华氏度后为%.2f 度' %(C,F))

三、程序代码说明

- 第 1 行：用#为本段代码作注释。
- 第 2 行：使用 input()函数输入一个摄氏温度值，并保存到变量 C 中。由于 Python 默认输入的数据为字符串类型，所以用 float()函数强制把其转换为浮点型数据。
- 第 3 行：用温度转换公式进行温度转换，转换结果保存到变量 F 中。
- 第 4 行：用 print()函数配合格式化输出参数%.2f，输出转换结果。

练习题 3：计算总分及平均分

参考文件：3-6-3.py　　　学习重点：熟悉算术运算符

一、程序设计目的

输入语文、英语、数学、社会、科学五门课程的成绩后，计算总分以及平均分。图 3-10 为输入 60 85 78 99 87 后的执行结果。

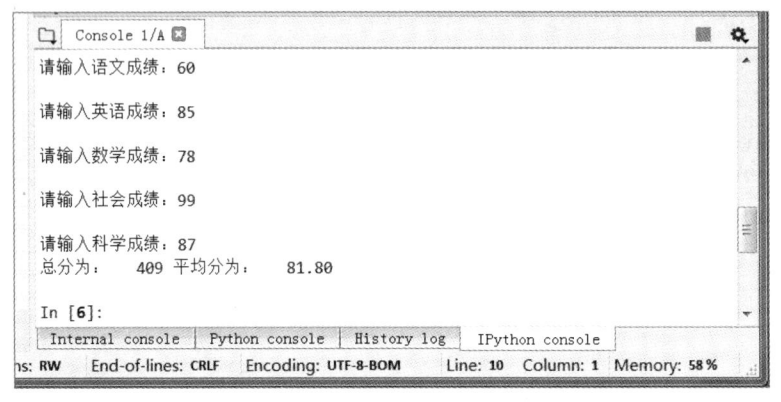

图 3-10

二、参考程序代码

行号	程序代码
1	#总分及平均分数计算程序
2	chinese=int(input('请输入语文成绩：'))
3	english=int(input('请输入英语成绩：'))
4	math=int(input('请输入数学成绩：'))
5	social=int(input('请输入社会成绩：'))
6	science=int(input('请输入科学成绩：'))
7	sum=chinese+english+math+social+science
8	average=sum/5 #将分数加总后除以 5
9	print('总分为：%6d 平均分数为：%8.2f' %(sum,average))

三、程序代码说明

- ➤ 第 1 行：用#为本程序作注释。
- ➤ 第 2 行：使用 input()函数输入语文成绩，并保存到变量 chinese 中。由于输入数据被默认为字符串类型，所以用 int()函数把其强制转换为整型。
- ➤ 第 3 行：使用 input()函数输入英语成绩，并保存到变量 english 中。由于输入数据被默认为字符串类型，所以用 int()函数把其强制转换为整型。
- ➤ 第 4 行：使用 input()函数输入数学成绩，并保存到变量 math 中。由于输入数据被默认为字符串类型，所以用 int()函数把其强制转换为整型。

- ➢ 第 5 行：使用 input()函数输入社会成绩，并保存到变量 social 中。由于输入数据被默认为字符串类型，所以用 int()函数把其强制转换为整型。
- ➢ 第 6 行：使用 input()函数输入科学成绩，并保存到变量 science 中。由于输入数据被默认为字符串类型，所以用 int()函数把其强制转换为整型。
- ➢ 第 7 行：计算总分，并将结果保存到变量 sum 中。
- ➢ 第 8 行：总分除以 5 得到平均分，将平均分保存到变量 average 中。
- ➢ 第 9 行：用格式化输出参数%6d，输出变量 sum 的值；用格式化输出参数%8.2f，输出变量 average 的值。

练习题 4：计算梯形面积

参考文件：3-6-4.py　　　　学习重点：熟悉算术运算符的使用

一、程序设计目的

根据用户输入的梯形的上底（a）、下底（b）与高（h）的值，计算梯形面积（s），梯形面积的计算公式为：

s=(a+b)× h/2

图 3-11 为输入上底为 8、下底为 3，高为 3 的执行结果。

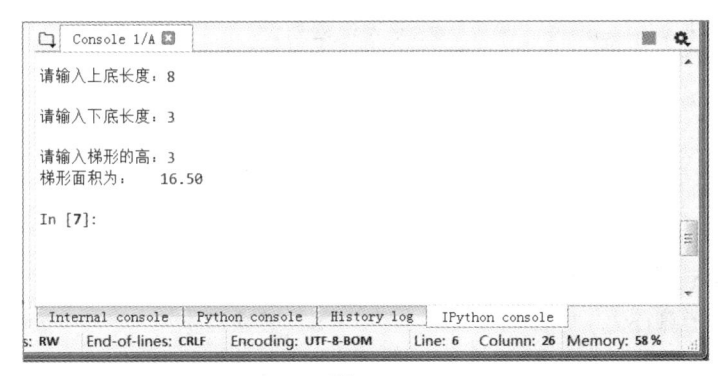

图 3-11

二、参考程序代码

行号	程序代码
1	#计算梯形面积
2	a=float(input('请输入上底长度：'))
3	b=float(input('请输入下底长度：'))
4	h=float(input('请输入梯形的高：'))
5	s=(a+b)*h/2
6	print('梯形面积为：%8.2f' %(s))

三、程序代码说明

➢ 第 1 行：用#为本程序作注释。
➢ 第 2 行：设置变量 a 来保存用户输入的上底长度。由于 input()函数输入的数据被默认为字符串类型，所以用 float()函数将其强制转换为浮点型数据。
➢ 第 3 行：设置变量 b 来保存用户输入的下底长度。由于 input()函数输入的数据被默认为字符串类型，所以用 float()函数将其强制转换为浮点型数据。
➢ 第 4 行：设置变量 h 来保存用户输入的高。由于 input()函数输入的数据被默认为字符串类型，所以用 float()函数将其强制转换为浮点型数据。
➢ 第 5 行：用梯形面积计算公式进行计算，然后将结果保存到变量 s 中。
➢ 第 6 行：通过格式化输出参数%8.2f，输出变量 s 的值。

习题

判断题

（　）1. =+是 Python 的复合赋值运算符。
（　）2. 一个等号是赋值运算符，两个等号是关系运算符。
（　）3. Python 语言中的％是求商运算符。
（　）4. 关系运算结果有两种：条件成立为真（True），条件不成立为假（False）。
（　）5. Python 的表达式都是用分号来做结尾。

选择题

（　）1. 两个等号连在一起是什么运算符？
　　　A．逻辑运算符　　　　　　　　B．关系运算符
　　　C．赋值运算符　　　　　　　　D．等于运算符
（　）2. 下面代码中的变量都为 int 类型，请问 Ans 值为多少？
```
a = 1
b = 2
c = 3
Ans = a/b + c/b - (c+c+a)%b
print(Ans)
```
　　　A．-1.0　　　　B．1.0　　　　C．2.0　　　　D．3.0
（　）3. Python 语言中％运算符的含是什么？
　　　A．求商数　　　　　　　　　　B．求余数
　　　C．求百分比　　　　　　　　　D．转换为百分比格式

(　　) 4. 下列哪一个运算符的优先级最高？
　　　　A．/　　　　　　B．()　　　　　　C．*　　　　　　D．+
(　　) 5. divmod (33, 5)的运算结果是什么？
　　　　A．(5, 2)　　　　B．(5, 3)　　　　C．(6, 2)　　　　D．(6, 3)
(　　) 6. 下列表达式的运算结果是什么？
　　　　(4*(1+2)**2-(1**2)*3)
　　　　A．9　　　　　　B．18　　　　　　C．33　　　　　　D．66
(　　) 7. 下列关于运算符优先级的高低判断，哪个是错误的？
　　　　A．括号>负号
　　　　B．指数>商数
　　　　C．算术运算符的乘法>算术运算符的加法
　　　　D．逻辑运算符的 and>逻辑运算符 not
(　　) 8. 下列代码运算的结果哪个是正确的？
　　　　x=13
　　　　y=4
　　　　print(x//y)
　　　　A．1　　　　　　B．2　　　　　　C．3　　　　　　D．以上皆非

4 流程图与判断结构

4-1 流程图的表示符号

我们现在所使用的程序流程图（Flow Chart），是 1940 年由约翰·冯·诺依曼（John von Neumann）所发明的。当进行复杂的程序设计时，可以通过绘制流程图来辅助程序设计。

流程图表示法就是将解决问题的步骤与逻辑，用各种标准化的符号来表示，这些符号包括：方块、椭圆、线条及箭头等。使用流程图，可以较容易地了解整个任务的流程，便于程序的调试及排错。常见的流程图符号见表 4-1。

表 4-1

名称	符号	意义
开始或结束符号	⬭	表示流程的开始或结束
流程符号	↓	表示程序流程进行的方向
程序处理符号	▭	表示要进行的处理工作
输入或输出符号	▱	表示数据输入或结果输出
决策判断符号	◇	根据条件表达式判断程序执行方向

下面通过一个例子来说明如何使用流程图来帮助我们思考与解决问题。假如我们走到一个十字

路口，这个时候，我们需要根据信号灯来判断是继续前进还是停下等待。那么，过红绿灯参考的流程图如图 4-1 所示。如果是绿灯，继续前进，否则就停下等待。当信号亮绿灯时，条件判断式为真（True），随后进入"继续前进"的动作，条件判断式为假（False）时，则进入"停下等待"的动作。

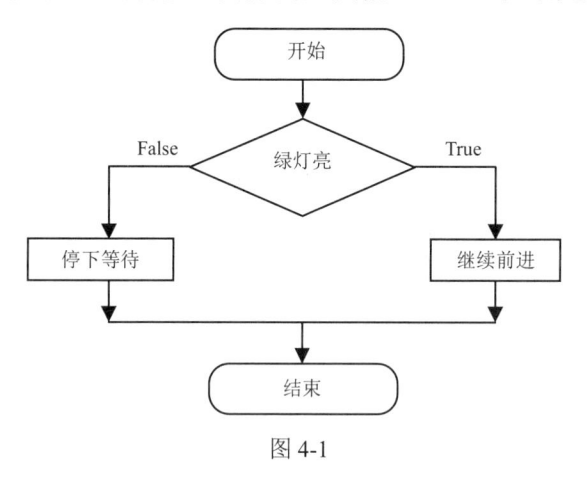

图 4-1

再假如，我们要设计一个猜密码程序，则其参考流程图如图 4-2 所示。

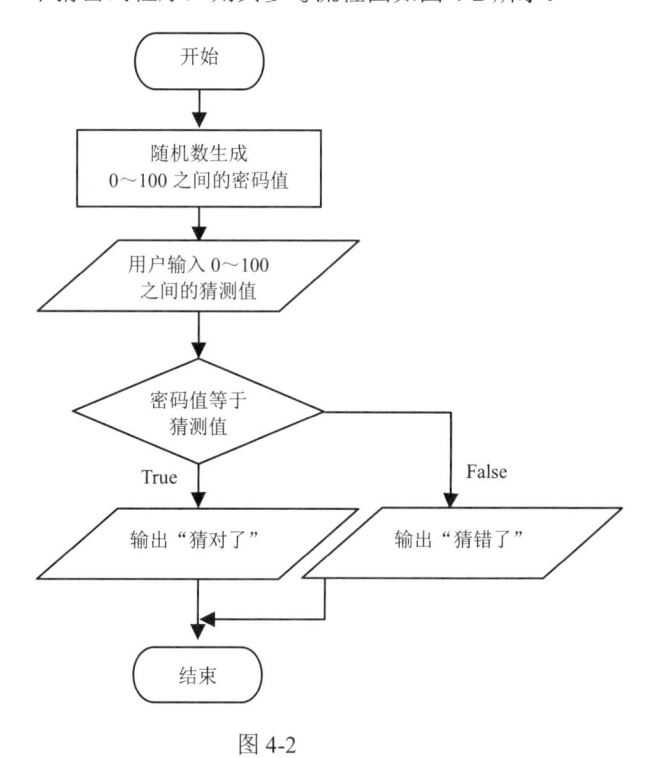

图 4-2

4-2 算法的基本结构

由于计算机只会按照"程序"规定的步骤来逐步完成工作，所以，在设计程序时，就需要先把问题分解成许多小步骤，然后再根据一定的次序逐步执行。我们把描述问题解决方法的程序称为算法（Algorithm）。

《Fundamental of Data Structures in C++》一书对算法的定义：算法是指为解决某一问题或完成特定工作，一系列有次序且明确的指令集合，所有算法都会包含以下特征：

- 输入(input)：算法在运算前通常需要一些事先给定的输入数据，这些数据是由用户事先输入，或是在算法的执行步骤中输入，也可以没有输入。
- 输出(output)：算法的目的就是产生结果，至少要有一项输出结果。
- 明确性(definiteness)：每个执行步骤都必须明确而清楚，不可存在模棱两可的情况。
- 有限性(finiteness)：在任何情况下算法一定要在有限的步骤内完成，不能无限执行。
- 有效性(effectiveness)：算法所描述的执行过程可以在一定时间内，推算出相同的结果，且执行的结果应为正确的。

算法有三种基本的流程控制结构：顺序结构、分支结构与循环结构。顺序结构的程序语句执行顺序与语句出现的顺序相同，分支结构又分为单分支、双分支或多分支等类型，循环结构会重复执行指定的程序段，见表 4-2。

表 4-2

算法结构名称	流程图表示法
顺序结构	程序语句 A → 程序语句 B
分支结构	条件表达式 False→程序语句 A / True→程序语句 B

续表

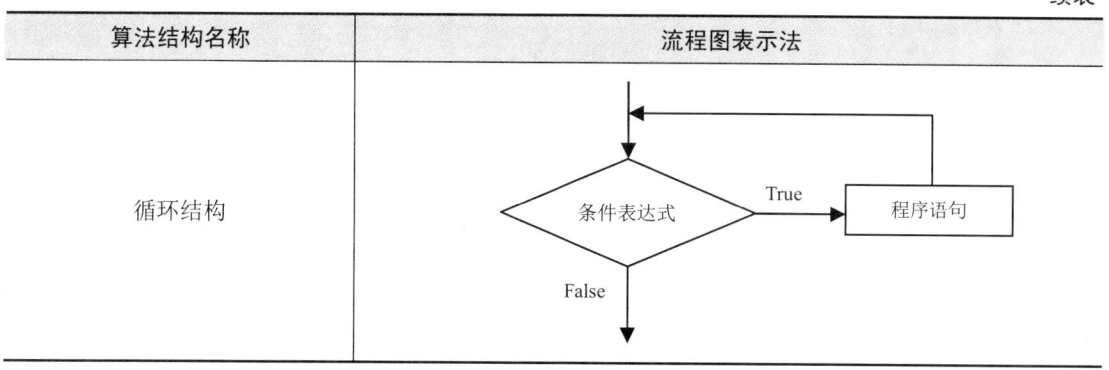

算法结构名称	流程图表示法
循环结构	（条件表达式 → True → 程序语句，循环回到条件表达式；False 向下退出）

一般情况下，当我们在程序开发时会运用到这3种流程控制结构，善用算法的基本结构，会让我们的程序可读性高，也易于修改与维护，循环结构我们将在下一章进行说明。

4-3 if 语句

分支结构会根据条件表达式的成立与否，来决定语句执行的方向。通过 if 语句的使用，我们就可以编写出具有判断能力的程序。Python 中要求条件表达式之后需搭配冒号，并且将其下方的程序块缩进。其使用的语法如下：

```
if 条件表达式：
    程序块
```

Python 中的缩进，通常是用 4 个空格来实现，或者可以用 1 个 Tab 键来实现。在冒号下面的具有同一层缩进的连续代码，视为同一个程序块。

if 语句的流程图表示法（图4-3）如下：

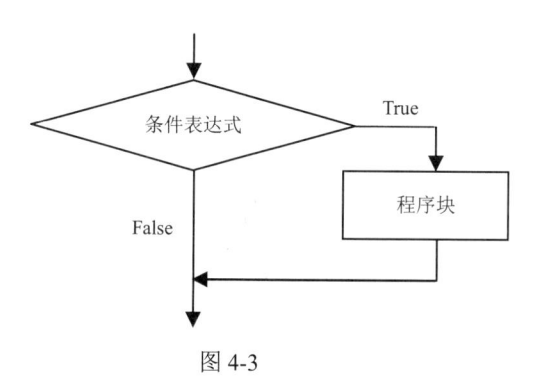

图 4-3

程序案例：判断奇偶数

参考文件：4-3-1.py　　学习重点：熟悉 if 语句的使用

一、程序设计目的

编写程序,判断用户输入的数字是奇数还是偶数。

图 4-4 为用户输入 22 的执行结果,程序返回"数字 22 是偶数"。

```
请输入数字:22
数字22是偶数

In [8]:
```

图 4-4

图 4-5 为用户输入 33 的执行结果,程序返回"数字 33 是奇数"。

```
请输入数字:33
数字33是奇数

In [9]:
```

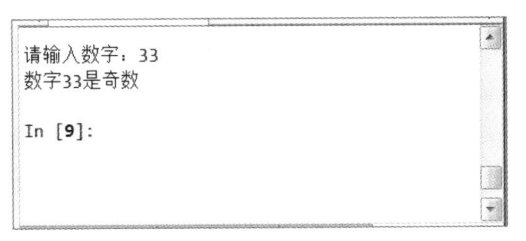

图 4-5

二、参考程序代码

行号	程序代码
1	#奇偶数判断程序
2	num=int(input('请输入数字:'))
3	if(num%2==0):
4	print('数字%d 是偶数' %(num))
5	if(num%2!=0):
6	print('数字%d 是奇数' %(num))

三、程序代码说明

- 第 1 行:用#为本程序作注释。
- 第 2 行:用 input()函数输入第一个数,并保存到变量 num 中。由于输入数据被默认为字符串型,所以用 int()函数把其强制转换为整型数据。
- 第 3 行:用 if 语句求余运算符%,如果对 2 取余的结果为 0,表示变量 num 是 2 的倍数,也就是偶数。

- 第 4 行：用 print()函数输出判断结果。
- 第 5 行：用 if 语句配合求余运算符%，如果对 2 取余的结果不等于 0，表示变量 num 不是 2 的倍数，也就是奇数。
- 第 6 行：用 print()函数输出判断结果。

程序案例：2 位十进制数的十位数与个位数判断程序

参考文件：4-3-2.py　　　　学习重点：熟悉 if 语句的使用

一、程序设计目的

用户输入一个两位数的数字，用程序判断其十位与个位分别是什么数字。

图 4-6 为用户输入 35 的执行结果，程序会返回"数字 35 的十位数是 3"及"数字 35 的个位数是 5"。

```
请输入2位数数字：35
数字35的十位数是3
数字35的个位数是5

In [10]:
```

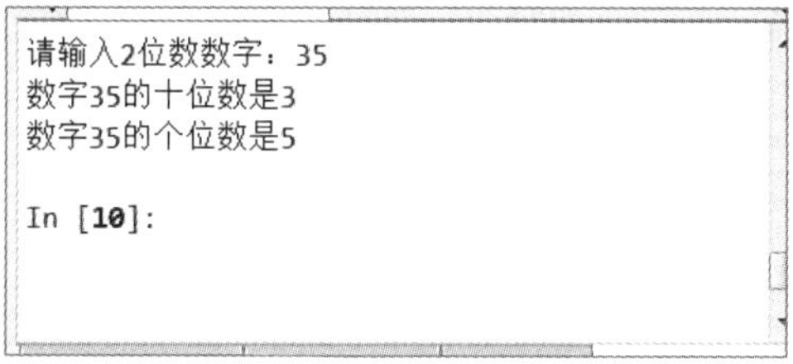

图 4-6

图 4-7 为用户输入 100 的执行结果，程序没有返回结果。

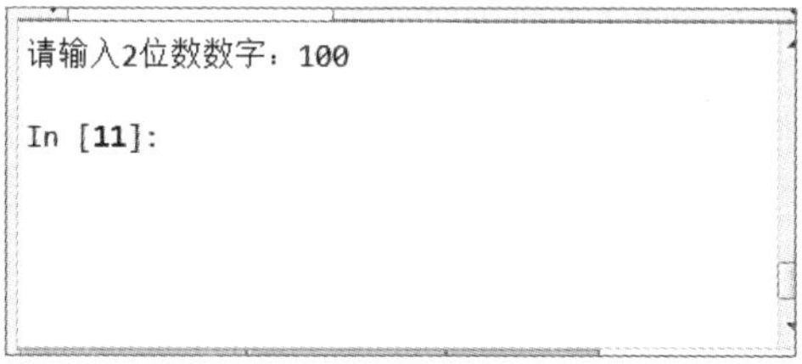

```
请输入2位数数字：100

In [11]:
```

图 4-7

二、参考程序代码

行号	程序代码
1	#2 位数的十位数与个位数判断程序
2	num=int(input('请输入 2 位数数字：'))
3	if(num>=10 and num<100):
4	print('数字%d 的十位数是%d' %(num,num/10))
5	print('数字%d 的个位数是%d' %(num,num%10))

三、程序代码说明

- ➢ 第 1 行：用#符号为程序作注释。
- ➢ 第 2 行：用 input()函数输入一个两位的整数，并保存到变量 num 中。由于输入数据默认为字符串类型，所以用 int()函数强制把该数据转换为整型数据。
- ➢ 第 3 行：在 if 语句中，用逻辑运算符 and，判断条件表达式 num>=10 and num<100 的结果，若为 True 则执行第 4、5 行的语句。
- ➢ 第 4 行：通过除 10 运算，用 print()函数输出变量 num 的十位。
- ➢ 第 5 行：通过对 10 取余运算，用 print()函数输出变量 num 的个位。

> **TIPs 程序的缩进**
>
> 在 Python 语言中，if 语句后冒号下面的语句，缩进相同的代码会被视为同一个程序块，因此在前一个程序案例中，当第 3 行的条件表达式成立时，第 4 行与第 5 行程序语句会一起执行。其他程序语言（如 C、C++、Java 等），程序块一般是用大括号括起来来表示。

4-4　if…else…语句

if 语句可以进行单分支的判断，条件成立则执行其中的程序块，条件不成立，则执行 if 程序块后面的语句。if…else…语句是双分支判断语句，如果条件表达式成立，执行一个程序块，如果条件不成立，则执行另一个程序块，其使用语法如下：

```
if 条件表达式:
    程序块 1
else:
    程序块 2
```

在 if…else…语句中，程序块 1 或程序块 2 一定有一个会执行，具体执行哪一个程序块，根据条件表达式的结果来决定。如果条件表达式成立，则会执行程序块 1，否则执行程序块 2。

if…else…语句的流程图如图 4-8 所示。

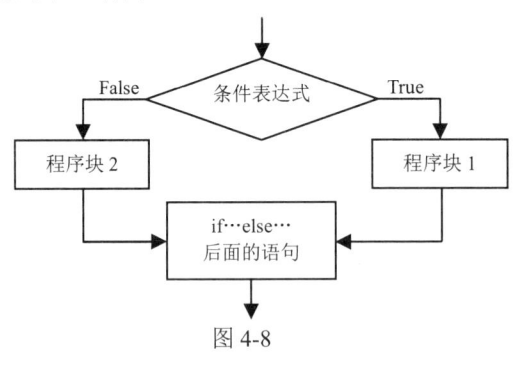

图 4-8

TIPs 双向判断的使用

上一节我们所设计的奇偶数判断程序，由于大于 0 的数字只有奇数或偶数两种情况，所以我们可以将 if 语句写法的程序代码，改写为 if…else…语句的程序结构，改写后的程序代码如下：

```
num=int(input('请输入数字：'))
if(num%2==0):
    print('数字%d 是偶数' %(num))
else:
    print('数字%d 是奇数' %(num))
```

程序案例：紫外线指数判断程序

参考文件：4-4-1.py　　　学习重点：熟悉 if…else…语句的使用

一、程序设计目的

假设气象局关于紫外线强度指数与分级的对应关系见表 4-3。

表 4-3

强度指数	级别
0~2	低
3~5	中
6~7	高
8~10	超高
11+	危险

当用户输入超过 8 的数值时，程序会提醒用户需要注意防晒措施，图 4-9 为用户输入 8 时程序的执行结果。

```
请输入今日的紫外线指数（0~11+）：8
今日的紫外线指数超高，请小心防晒！
```

图 4-9

当用户输入的值小于 8 时，会显示"今日的紫外线指数未超高"的信息，图 4-10 为用户输入 3 时，程序的执行结果。

```
请输入今日的紫外线指数（0～11+）：3
今日的紫外线指数未超高。
```

图 4-10

二、参考程序代码

行号	程序代码
1	#紫外线指数判断程序
2	num=int(input('请输入今日的紫外线指数（0～11+）：'))
3	if(num>=8):
4	print('今日的紫外线指数超高，请小心防晒！')
5	else:
6	print('今日的紫外线指数未超高。')

三、程序代码说明

➢ 第 1 行：用#为程序作注释。
➢ 第 2 行：用 input()函数输入一个紫外线强度指数值，保存至变量 num 中。
➢ 第 3 行：通过 if…else…语句的 if 部分，判断条件表达式 num>=8 的值是否为真，如果为真则进入第 4 行语句，如果为假则会进入第 6 行语句。
➢ 第 4 行：使用 print()函数输出"今日的紫外线指数超高，请小心防晒！"的警告信息。
➢ 第 5 行：if…else…语句的 else 部分。
➢ 第 6 行：使用 print()函数输出"今日的紫外线指数未超高。"信息。

4-5 if…elif…else…语句

通过分支结构的 if…elif…else…语句，用于多重条件的判断。根据条件表达式的结果，哪个表达式的结果为真，则执行哪个表达式中的程序块，如果表达式都为假，则执行 else 下的程序块。此分支结构主要使用于多重条件的判断，其使用语法如下：

```
if(条件表达式 1):
    程序块 1
elif(条件表达式 2):
    程序块 2
……
elif(条件表达式 N):
    程序块 N
else:
    程序块 N+1
```

if…elif…else…语句的流程图如图 4-11 所示。

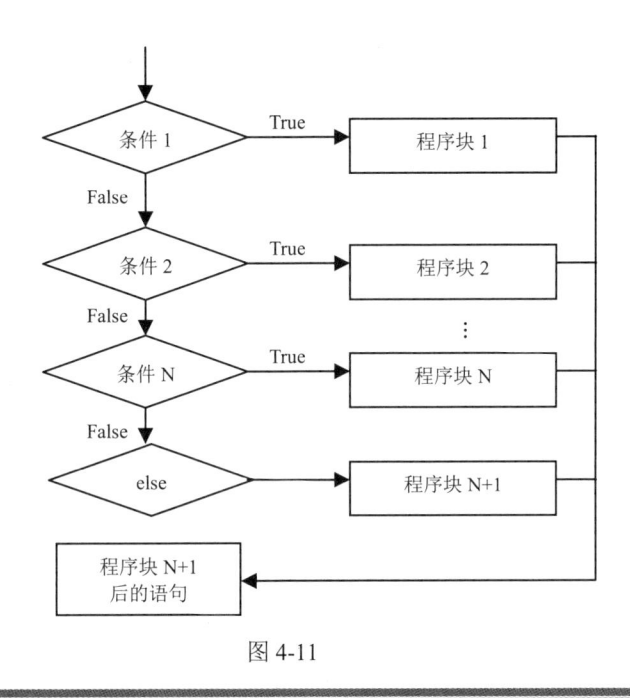

图 4-11

程序案例：成绩区间判断程序

📄 参考文件：4-5-1.py　　📝 学习重点：熟悉 if…elif…else…语句的使用

一、程序设计目的

　　用户输入成绩，判断出成绩的等级。规定 90 分以上为甲等，80 分到 90 分之间为乙等，70 分到 80 分之间为丙等，60 分到 70 分之间为丁等，未满 60 分为不及格。

　　图 4-12 为输入 85 时，程序的执行结果，程序返回"您为乙等"提示信息。

```
请输入您的成绩：85
您为乙等

Process finished with exit code 0
```

图 4-12

　　图 4-13 为输入 55 时，程序的执行结果，程序返回"您的成绩不及格"提示信息。

```
请输入您的成绩：55
您的成绩不及格
```

图 4-13

二、参考程序代码

行号	程序代码
1	#成绩等级判断程序
2	score=int(input('请输入您的成绩：'))
3	if(score >= 90):　　　#是否为 90 分以上
4	print('您为甲等')
5	elif(score >= 80):　　#小于 90 但 80 以上
6	print('您为乙等')
7	elif(score >= 70):　　#小于 80 但 70 以上
8	print('您为丙等')
9	elif(score >= 60):　　#小于 70 但 60 以上
10	print('您为丁等')
11	else:　　　　　　　　　#小于 60 分
12	print('您的成绩不及格')

三、程序代码说明

➢ 第 1 行：用#为本程序作注释。
➢ 第 2 行：用 input()函数输入数据，并保存到变量 score 中。
➢ 第 3 行：首先，判断 if 中的条件表达式 score >= 90 是否成立，如果成立则会进入第 4 行语句，如果不成立则会进入第 5 行语句。
➢ 第 4 行：用 print()函数输出"您为甲等"提示信息。
➢ 第 5 行：如果程序进入到本行，则判断本行 elif 中的条件表达式 score >= 80 是否成立，如果成立则会进入第 6 行语句，如果不成立则会进入第 7 行语句。
➢ 第 6 行：用 print()函数输出"您为乙等"提示信息。
➢ 第 7 行：如果程序进入本行，则判断本行 elif 中的条件表达式 score >= 70 是否成立，如果成立则会进入第 8 行语句，如果不成立则会进入第 9 行语句。
➢ 第 8 行：用 print()函数输出"您为丙等"提示信息。
➢ 第 9 行：如果程序进入本行，则判断本行 elif 中的条件表达式 score >= 60 是否成立，如果成立则会进入第 10 行语句，如果不成立则会进入第 11 行语句。
➢ 第 10 行：用 print()函数输出"您为丁等"提示信息。
➢ 第 11 行：如果前述条件表达式都不成立，则进入 else 程序块。
➢ 第 12 行：用 print()函数输出"您的成绩不及格"提示信息。

4-6 嵌套 if 语句

所谓嵌套（Nested）分支控制结构，就是分支结构内还有分支结构，例如先使用一个 if…else…

结构，其中再包含另一个 if…else…结构，这样的结构就称为嵌套 if 分支结构，有时也称为多层 if 语句，其参考语法如下：

```
if(条件表达式 1):
    if(条件表达式 2):
        程序块 1
    else:
        程序块 2
else:
    if(条件表达式 3):
        程序块 3
    else:
        程序块 4
```

嵌套 if…else…语句的流程图表示法如图 4-14 所示。

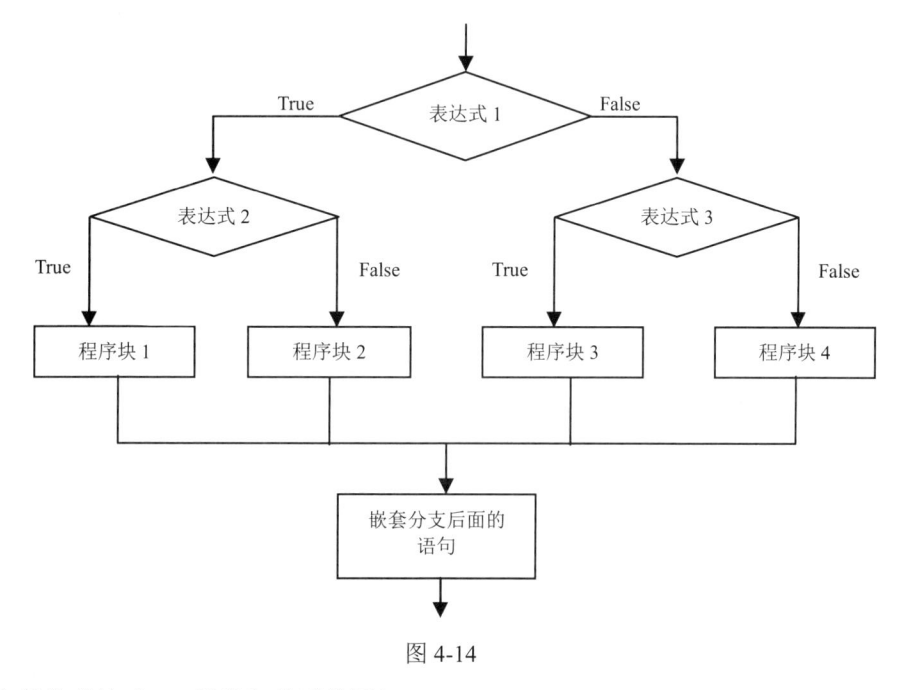

图 4-14

若符合条件表达式 1，则进入其后的语句。
若符合条件表达式 1 且符合条件表达式 2，则执行程序块 1。
若符合条件表达式 1 但不符合条件表达式 2，则执行程序块 2。
若不符合条件表达式 1，则进入其后的语句。
若不符合条件表达式 1 但符合条件表达式 3，则执行程序块 3。
若不符合条件表达式 1 且不符合条件表达式 3，则执行程序块 4。

程序案例：闰年判断程序

参考文件：4-6-1.py　　　学习重点：熟悉嵌套 if…else…语句的使用

一、程序设计目的

设计一个闰年判断程序，根据用户输入的年份，判断该年是否为闰年。以下为闰年判断公式：

> 若年份最后两位不为 00，且为 4 的倍数，则该年为闰年，其余不为闰年。
> 若公元最后两位为 00，且可被 400 整除，则该年为闰年，其余不为闰年。
> 判断口诀：四年一闰，百年不闰，四百年又闰。

例如，我们输入年份 212，因为末两位不为 00，且为 4 的倍数，所以会得到"公元 212 年为闰年"的输出结果（图 4-15）。

图 4-15

如果输入年份 1600，由于其最后两位为 00，且可被 400 整除，所以会输出"公元 1600 年为闰年"的结果（图 4-16）。

图 4-16

如果输入年份 2100，由于其末两位为 00，但不可被 400 整除，所以会返回"公元 2100 年不为闰年"的信息（图 4-17）。

图 4-17

如果输入年份 1943，由于其末两位不为 00，且不是 4 的倍数，所以会返回"公元 1943 年不为闰年"的信息（图 4-18）。

图 4-18

二、参考程序代码

行号	程序代码
1	#闰年判断程序
2	year=int(input('请输入年份：'))
3	if(year%100!=0):　　　#如果不能被 100 整除
4	if(year%4==0):　　　#是否能被 4 整除
5	print('公元%d 年为闰年' %(year))
6	else:
7	print('公元%d 年不为闰年' %(year))
8	else:
9	if(year%400==0):　　　#如果能被 100 及 400 整除
10	print('公元%d 年为闰年' %(year))
11	else:
12	print('公元%d 年不为闰年' %(year))

三、程序代码说明

> 第 1 行：用#为本程序作注释。
> 第 2 行：用 input()函数输入数据，并保存到变量 year 中。由于输入的数据被默认为字符串型，所以用 int()把其强制转换为整型数据。
> 第 3~7 行：在外层 if⋯else⋯语句的 if 部分，判断条件表达式 year%100!=0 的结果是否为 True，如果为 True（该数不是 100 的倍数）则会执行第 4 行语句，反之（是 100 的倍数）则会执行第 9 行语句。
> 第 4 行：在内层 if⋯else⋯语句的 if 部分，判断条件表达式 year%4==0 是否为 True，如果为 True（该数是 4 的倍数），则会执行第 5 行语句，反之（该数不是 4 的倍数），则执行第 7 行语句。

> 第 8~12 行：外层 if…else…语句的 else 部分。
> 第 9 行：内层 if…else…语句的 if 部分，判断条件表达式 year%400==0 的结果是否为 True，如果为 True（该数是 400 的倍数），则执行第 10 行语句，反之（该数不是 400 的倍数）则会进入第 12 行语句。

4-7 程序练习

练习题 1：商店周年庆打折程序

参考文件：4-7-1.py　　　　学习重点：熟悉 if 语句的使用

一、程序设计目的

王府井百货决定在公司周年庆时做促销活动，规定消费超过 2000 元的顾客打 7 折，请写出一个收银程序，输入购买总金额后，可得出顾客实际需付的钱。

图 4-19 为输入 6999 时的执行结果，程序输出"打折后需付 4899 元"的信息。

图 4-19

图 4-20 为输入 999 时的执行结果，因未达到打折标准，程序输出"打折后需付 999 元"的信息。

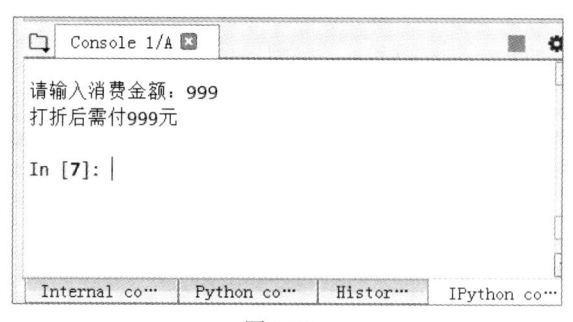

图 4-20

二、参考程序代码

行号	程序代码
1	#王府井百货周年庆打折程序
2	money=int(input('请输入消费金额：'))
3	if(money > 2000):
4	money *= 0.7
5	print('打折后需付%d 元'%(money))

三、程序代码说明

> 第 3 行：用 if 语句判断条件表达式 money > 2000 是否成立，如果成立（该数超过 2000）则会执行第 4 行语句，如果不成立（该数未超过 2000）则会执行第 5 行语句。
> 第 4 行：使用复合赋值运算符*=计算打 7 折的价格。

练习题 2：单位转换程序

参考文件：4-7-2.py　　　学习重点：熟悉 if…elif…else…语句的使用

一、程序设计目的

1 米= 3.28 英尺，1 公斤= 2.2 英磅，请编写一个程序，可让用户选择所需转换的单位并输出转换结果。

图 4-21 为输入 1（米转英尺）时，再输入 50 时程序的执行结果。

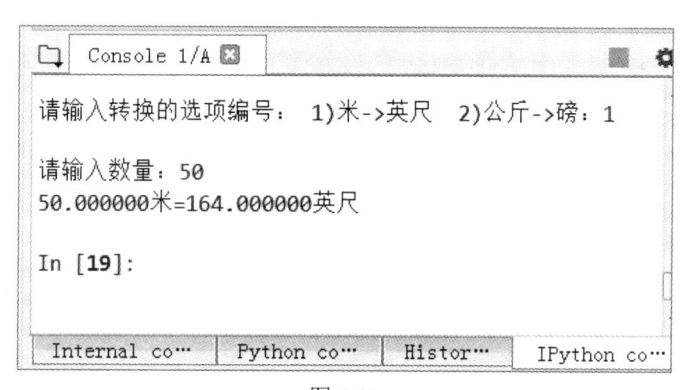

```
Console 1/A
请输入转换的选项编号：  1)米->英尺   2)公斤->磅：1

请输入数量：50
50.000000米=164.000000英尺

In [19]:
```

图 4-21

图 4-22 为输入 2（公斤转磅）后，再输入 3.5 时程序的执行结果。

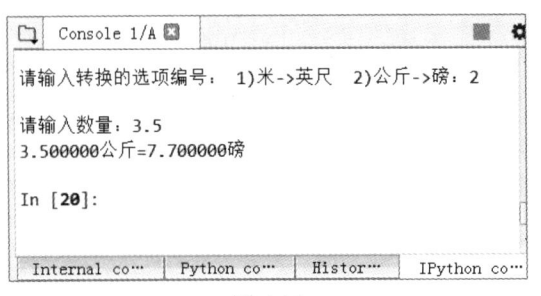

图 4-22

图 4-23 为输入 3（不存在的选项）后，再输入 50，程序返回"没有这个选项"的提示信息。

图 4-23

二、参考程序代码

行号	程序代码
1	#单位转换程序
2	set=input('请输入转换的选项编号 1)米->英尺 2)公斤->磅：')
3	num=float(input('请输入数量：')) #输入要转换的数量
4	if(set=='1'):
5	print('%f 米=%f 米' %(num,num*3.28))
6	elif(set=='2'):
7	print('%f 公斤=%f 磅' %(num,num*2.2))
8	else:
9	print('没有这个选项')

三、程序代码说明

> 第 2 行：用 input()函数让用户输入换算选项。
> 第 4、5 行：使用 if…elif…else…语句，判断条件表达式 set=='1'是否成立，如果成立则会进入第 5 行语句，输出米转换成英尺的结果，如果不成立则会进入第 6 行语句。
> 第 6、7 行：判断条件表达式 set=='2'是否成立，如果成立则会进入第 7 行语句，输出公斤转换成磅的结果，如果不成立则会进入第 8 行语句。

> 第 8、9 行：处理其他情况，当用户输入的选项既不是 1 也不是 2 时，会告诉用户"没有这个选项"。

练习题 3：季节判断程序

📝 参考文件：4-7-3.py　　　✏️ 学习重点：熟悉 if…elif…else…语句的使用

一、程序设计目的

一年中四季的划分如下：春（3～5 月）、夏（6～8 月）、秋（9～11 月）、冬（12～2 月），编写一个程序，判断输入的月份是什么季节。

如果输入 2，程序会返回"2 月是冬天"，如图 4-24 所示。

图 4-24

如果输入 13，程序会返回"错误的月份格式！"，如图 4-25 所示。

图 4-25

二、参考程序代码

行号	程序代码
1	#季节判断程序
2	month=input('请输入数字格式的月份：')
3	if(month=='3' or month=='4' or month=='5'):
4	print('%s 月是春天' %(month))
5	elif(month=='6' or month=='7' or month=='8'):

6	print('%s 月是夏天' %(month))
7	elif(month=='9' or month=='10' or month=='11'):
8	print('%s 月是秋天' %(month))
9	elif(month=='12' or month=='1' or month=='2'):
10	print('%s 月是冬天' %(month))
11	else:
12	print('错误的月份格式！')

三、程序代码说明

➢ 第 2 行：用 input()函数输入月份。

➢ 第 3、4 行：使用 if…elif…else…语句判断条件表达式 month=='3' or month=='4' or month=='5' 是否成立，如果成立则会进入第 4 行语句，如果不成立则会进入第 5 行语句。

➢ 第 5、6 行：判断条件表达式 month=='6' or month=='7' or month=='8'是否成立，如果成立则会进入第 6 行语句，如果不成立则会进入第 7 行语句。

➢ 第 7、8 行：判断条件表达式 month=='9' or month=='10' or month=='11'是否成立，如果成立则会进入第 8 行语句，如果不成立则会进入第 9 行语句。

➢ 第 9、10 行：判断条件表达式 month=='12' or month=='1' or month=='2'是否成立，如果成立则会进入第 10 行语句，如果不成立则会进入第 11 行语句。

➢ 第 11、12 行：处理例外的情况，当用户输入错误的数据时，返回"错误的月份格式！"。

练习题 4：购物计费程序

参考文件：4-7-4.py   学习重点：熟悉 if…elif…else…语句的使用

一、程序设计目的

某人带钱去商店买东西，输入所带的钱数，所购买商品的数量后，计算其所剩余的钱数。已知商品种类及价目表见表 4-4。

表 4-4

商品名称	售价/元
得意的一天葵花油	199
爱之味山药面筋	23
熊宝贝衣物香氛袋	85

图 4-26 为依次输入 500 和 1、2、2 后，程序的执行结果。

```
请输入携带的钱数：500
请输入买了几瓶得意的一天葵花油：1
请输入买了几罐爱之味山药面筋：2
请输入买了几个熊宝贝衣物香氛袋：2
剩下85元
```

图 4-26

图 4-27 为依次输入 300 和 1、2、3 后，程序的执行结果。

```
请输入携带的钱数：300
请输入买了几瓶得意的一天葵花油：1
请输入买了几罐爱之味山药面筋：2
请输入买了几个熊宝贝衣物香氛袋：3
还差200元
```

图 4-27

二、参考程序代码

行号	程序代码
1	#购物计费程序
2	money=int(input('请输入携带的钱数：'))
3	p1=int(input('请输入买了几瓶得意的一天葵花油：'))
4	p2=int(input('请输入买了几罐爱之味山药面筋：'))
5	p3=int(input('请输入买了几个熊宝贝衣物香氛袋：'))
6	total=p1*199+p2*23+p3*85 #计算购买的商品总价
7	if(total<=money): #判断是否有足够的钱数
8	print('剩下%d 元' %(money-total)) #所需钱数<=拥有钱数
9	else:
10	print('还差%d 元' %(total-money)) #所需钱数 > 拥有钱数

三、程序代码说明

> 第 2~5 行：输入所携带的钱数及商品数量，钱数存入整型变量 money 中，商品数量分别存入整型变量 p1、p2、p3 中。

> 第 6 行：计算购买的商品总价，将各个商品的数量乘以价格后求和，存入 total 变量中。

> 第 7~10 行：判断是否有足够的钱数，将所带的钱 money 和消费总价 total 做比较，输出"剩下多少钱"或"还差多少钱"。

练习题 5：阶梯式打折程序

参考文件：4-7-5.py　　　学习重点：熟悉 if…elif…语句的使用

一、程序设计目的

某商店周年庆的打折策略为：当客户消费超过 2000 元时打 7 折，消费超过 5000 元时打 6 折，消费超过 10000 元时打 55 折，请编写一个收银程序，输入顾客购买总金额后，计算出顾客实际需付的钱。

图 4-28 为输入 12000 后，程序的执行结果。

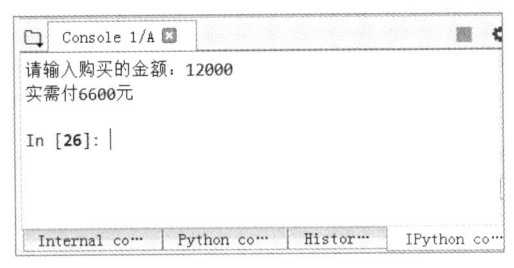

图 4-28

二、参考程序代码

行号	程序代码
1	#购物计费程序
2	money=int(input('请输入购买的金额：'))
3	if(money > 10000):
4	money = money*0.55
5	elif(money > 5000):
6	money = money*0.6
7	elif(money > 2000):
8	money = money*0.7
9	print('实需付%d 元' %(money))

三、程序代码说明

➢ 第 2 行：用 input()函数输入用户消费金额，存入 money 变量中。
➢ 第 3~8 行：用 if…elif…语句，来做消费金额的折扣计算。
➢ 第 3、4 行：处理消费金额大于 10000 元的情况，打 55 折。
➢ 第 5、6 行：处理消费金额大于 5000 且小于等于 10000 的情况，打 6 折。
➢ 第 7、8 行：处理消费金额大于 2000 且小于等于 5000 的情况，打 7 折。

> 第 9 行：输出计算后的结果。

练习题 6：字符类型判断程序	
参考文件：4-7-6.py	学习重点：熟悉 ASCII 码的使用

一、程序设计目的

编写一个程序，输入一个字符，判断该字符为大写英文字母、小写英文字母、阿拉伯数字或以上都不是。

图 4-29 为输入 6 的执行结果。

```
请输入一个字母：6
您输入的字符为阿拉伯数字

Process finished with exit code 0
```

图 4-29

图 4-30 为输入 A 的执行结果。

```
请输入一个字母：A
您输入的字符为大写字母

Process finished with exit code 0
```

图 4-30

图 4-31 为输入 b 的执行结果。

```
请输入一个字母：b
您输入的字符为小写字母

Process finished with exit code 0
```

图 4-31

图 4-32 为输入!的执行结果。

```
请输入一个字母：!
您输入的字符不为小写字母、大写字母或阿拉伯数字喔！

Process finished with exit code 0
```

图 4-32

二、参考程序代码

行号	程序代码
1	#字符类型判断程序
2	ch=input('请输入一个字母：')
3	if(ch >= 'a' and ch <= 'z'):
4	print('您输入的字符为小写字母')
5	elif(ch >= 'A' and ch <= 'Z'):
6	print('您输入的字符为大写字母')
7	elif(ch >= '0' and ch <='9'):
8	print('您输入的字符为阿拉伯数字')
9	else:
10	print('您输入的字符不为小写字母、大写字母或阿拉伯数字喔！')

三、程序代码说明

- 第2行：使用 input()函数读入字符，存入变量 ch 中。
- 第3~8行：在 ASCII 码中，大小写字母及数字为连续的。
- 第3、4行：处理小写字母的情况。
- 第5、6行：处理大写字母的情况。
- 第7、8行：处理阿拉伯数字的情况。
- 第9行：处理例外的状况，当用户输入的字母不是小写字母、大写字母或阿拉伯数字时，会显示提示信息。

习题

选择题

（　）1. 下列哪个不是流程图的优点？

    A．易于程序的除错   B．让人容易了解整个业务流程

    C．不适合大型程序的开发   D．有助于程序的修改与维护

（　）2. 在流程图中，"程序处理"操作所用的符号是哪个？

    A． ◇   B． ▭

    C． ○   D． ▱

（　）3. 如果 a 的值为 2，则执行下列程序后 a 为多少？

```
if(a==3):
    a=3
a=4
```
A．2　　　　　　　B．3　　　　　　　C．4　　　　　　　D．5

（　）4．如果 a 的值为 2，则执行下列程序后 a 为多少？
```
if(a==3):
    a=3
else:
    a=4
```
A．2　　　　　　　B．3　　　　　　　C．4　　　　　　　D．5

（　）5．Python 语言的缩进是几个字符？

A．1　　　　　　　B．2　　　　　　　C．3　　　　　　　D．4

（　）6．判断用户输入的分数 score 大于等于 90 的语句是下列哪项？

A．if score <= 90:　　　　　　　　B．if score >= 90:

C．elif score >= 91:　　　　　　　D．以上皆非

（　）7．条件表达式"7 岁以上的在校生"的语句是哪一个？

A．if (age >= 7 or school == False):

B．if (age >= 7 and school == True):

C．if (age >= 7 or school == True):

D．if (age >= 7 and school == False):

问答题

1．说明流程图的符号与含义。

2．描述算法的特性。

3．请画出最简单的 if 语句的流程图。

5 循环

若要用print()函数来显示100次Hello,假如一行一行的写代码,将会需要100行的print(' Hello')语句,这样实在是太麻烦了。循环(Loop)语句,可以简化程序中的重复操作,通过循环结构,只需几行的代码就可显示100次的Hello。

循环结构使得程序语言更具威力,充分利用了计算机的长处。循环就像是一条圆形的道路,从原点开始走,走一圈会回到原点,当回到原点时,可以根据条件选择要不要继续执行,或者完成指定的操作的次数。

5-1 for 循环

for 循环会依次访问序列(Sequence)内的元素(Item),直到序列结束为止,其基本语法如下:

```
for 变量名称 in 序列:
    for 的程序块
```

参考程序示例如下:

```
word = 'Happy'
for x in word:
    print (x)
```

此例中 for 循环的序列为字符串 Happy,变量 x 依次访问序列内的元素,每次执行循环,就输出变量 x 的内容,也就是 H、a、p、p、y,此 for 循环会执行 5 次,其输出结果如图 5-1 所示。

图 5-1

for 循环的流程图表示法如图 5-2 所示。

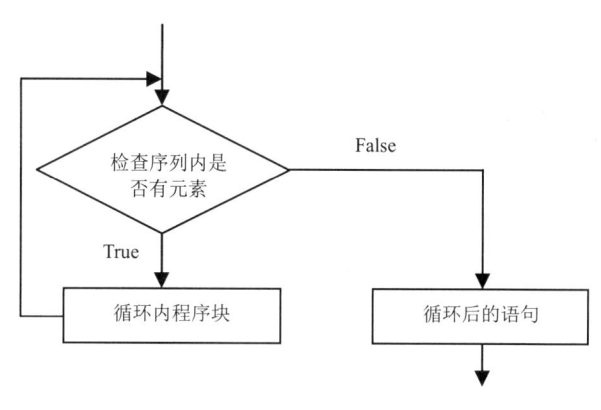

图 5-2

循环可以重复执行程序，通过执行次数的控制，可以完成所需的运算。使用循环，还可以设计出许多更为复杂的程序，for 循环常与 range()函数搭配使用，其基本语法如下：

```
for 变量名称 in range(重复次数):
    for 的程序块
```

range()函数主要用来生成整数序列，它有 3 个参数，其起始值与递增/递减值为可选参数，使用格式如下：

```
range ([起始值], 结束值[, 递增/递减值])
```

- ➢ 起始值：此为可选参数，其默认值为 0。
- ➢ 结束值：此为必备参数。
- ➢ 递增/递减值：此为可选参数，其默认值为 1。

range()函数的示例如下：

- ➢ range (6)：起始值参数为空，其默认值为 0；结束值为 6；其递增/递减值参数为空，其默认值为 1，故本 range()函数的取值分别为 0、1、2、3、4、5 共 6 个元素，结束值 6 不包括在内。
- ➢ range (1, 11)：起始值参数为 1；结束值为 11；其增减值参数为空，其默认值为 1，故本 range()函数的取值分别为 1、2、3、4、5、6、7、8、9、10 共 10 个元素，结束值 11 不包括在内。
- ➢ range (3, 10, 2)：起始值参数为 3；结束值为 10；其增减值为 2，故本 range()函数的取值分别为 3、5、7、9 共 4 个元素，结束值 10 不包括在内。

for 循环与 range()函数搭配使用的示例如下：

```
for x in range (1, 11, 2):    #以递增值 2 输出 x
    print(x, end=' ')
```

for 循环搭配使用 range ()函数，起始值为 1，结束值为 11，递增值为 2，输出时每个项目之间间隔一个空格，for 循环会执行 5 次，其输出结果如图 5-3 所示。

```
Console 1/A
1 3 5 7 9
In [7]:
```

图 5-3

程序案例：连续输出字符串程序

参考文件：5-1-1.py　　　　学习重点：熟悉 for 循环的使用

一、程序设计目的

用 for 循环编写一个程序，连续输出 5 次 "Loop is fun!"，执行结果如图 5-4 所示。

```
Loop is fun!
Loop is fun!
Loop is fun!
Loop is fun!
Loop is fun!
```

图 5-4

二、参考程序代码

行号	程序代码
1	#连续输出字符串的示例
2	for x in range (5):
3	print('Loop is fun!')

三、程序代码说明

➢ 第 2~3 行：for 循环与 range() 函数搭配使用，设定结束值为 5，因此取值范围为 0~4，for 循环共执行 5 次，因此 print() 函数会输出 5 次 "Loop is fun!" 字符串。

程序案例：累加程序 1+2+…+10

参考文件：5-1-2.py　　　　学习重点：熟悉 for 循环的使用

一、程序设计目的

用 for 循环编写一个程序，计算 1+2+…+10 的结果，并显示累加的过程，其执行结果如图 5-5 所示。

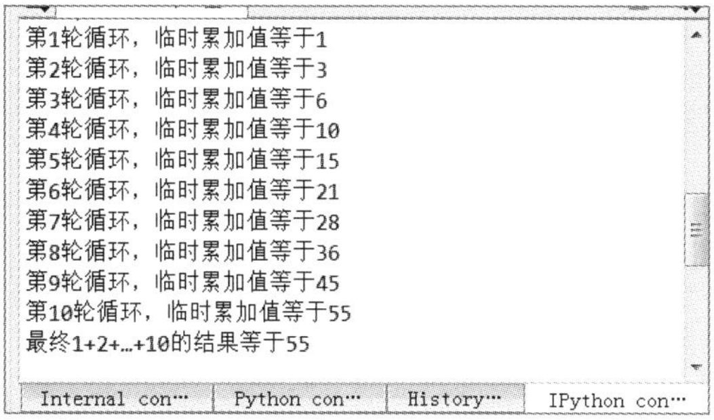

```
第1轮循环，临时累加值等于1
第2轮循环，临时累加值等于3
第3轮循环，临时累加值等于6
第4轮循环，临时累加值等于10
第5轮循环，临时累加值等于15
第6轮循环，临时累加值等于21
第7轮循环，临时累加值等于28
第8轮循环，临时累加值等于36
第9轮循环，临时累加值等于45
第10轮循环，临时累加值等于55
最终1+2+...+10的结果等于55
```

图 5-5

二、参考程序代码

行号	程序代码
1	#累加程序
2	sum=0 #定义变量 sum，并赋初值 0
3	for i in range(1,11):
4	sum = sum + i #将 sum 的值再加上 i 的值
5	print('第%d 轮循环，临时累加值等于%d' %(i,sum))
6	print('最终 1+2+…+10 的结果等于%d' %(sum)) #输出 sum 的值

三、程序代码说明

> 第 2 行：定义变量 sum，并将其初值设为 0。
> 第 3~5 行：for 循环的起始值设为 1，结束值为 11，所以 i 的取值依次为 1~10，我们通过 sum = sum + i 来获取每一次循环时临时累加和。
> 第 6 行：使用 print()函数输出 1+2+…+10 的最终计算结果。

TIPs for…else…循环

for 循环还可以搭配 else 一起使用，其语法如下：
for 变量名称 in 序列：
    for 的程序块
else:
    else 的程序块

当 for 循环正常结束时，会执行 else 部分的程序块，请参考 for 循环搭配 else 的程序案例：
    for i in range(1,6):
        print(i, end=',')
    else:
        print('for 循环结束！')

i 的初值为 1，结束值为 6，递增值为 1，输出时每个项目之间用逗号分隔，for 循环会执行 5 次（1、2、3、4、5），其输出结果如图 5-6 所示。

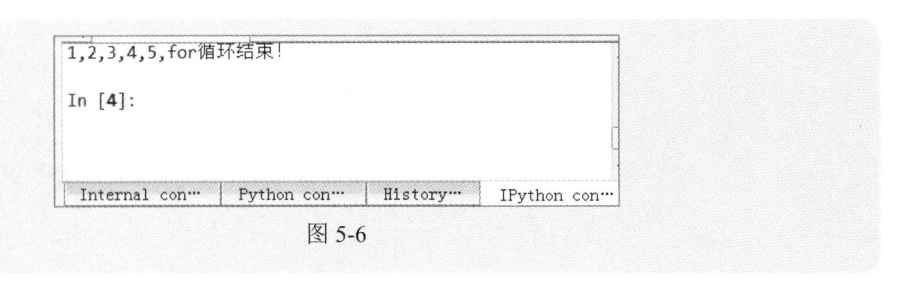

图 5-6

5-2 while 循环

while 循环结构与 for 循环相似，while 循环会先检查条件表达式是否成立，条件成立则进入 while 循环程序块，如条件表达式不成立，则跳出 while 循环。通常，for 循环用于已知循环执行次数的情况，while 循环用于未知循环执行次数的情况，其基本语法如下：

while (条件表达式):
  程序块

参考程序示例如下：

```
i=1
while(i<=10):
    print(i,end=' ')
    i+=1
```

其中，while 循环的条件表达式为 i<=10。当 i 小于等于 10 时，条件表达式成立，会继续在循环内执行；当 i 超过 10 时，条件表达式不成立，会跳出循环，因此该程序会依次输出变量 i 的值，其输出结果如图 5-7 所示。

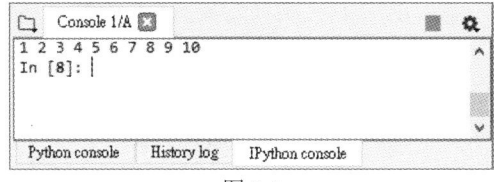

图 5-7

while 循环的流程图如图 5-8 所示。

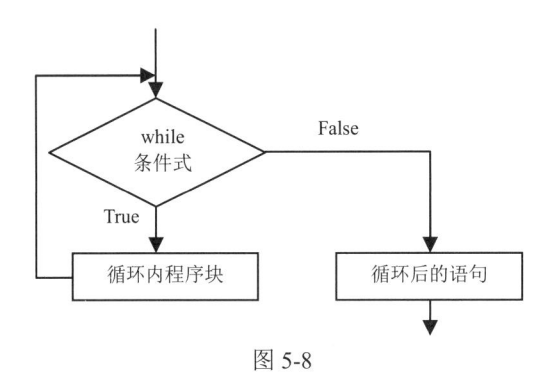

图 5-8

while 循环需要特别注意循环的跳出条件，万一条件设定有误，可能会形成死循环。

程序案例：累加程序 1+3+5+…+99	
参考文件：5-2-1.py	学习重点：熟悉 while 循环的使用

一、程序设计目的

用 while 循环编写一个程序，计算级数 1+3+5+…+99 的值，程序执行结果如图 5-9 所示。

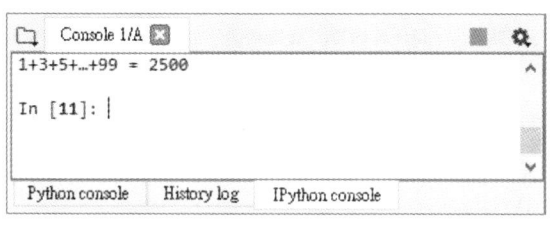

图 5-9

二、参考程序代码

行号	程序代码
1	#1+3+5+...+99 累加程序
2	i=1
3	sum=0
4	while(i<=99):
5	sum+=i
6	i+=2
7	print('1+3+5+...+99 = %d' %(sum))

三、程序代码说明

- 第 2、3 行：定义变量 i 的初值为 1（用于计算间隔为 2 的奇数），定义变量 sum 的初值为 0（用于计算累加总和）。
- 第 4~6 行：while 循环的条件表达式为 i<=99，当 i 小于等于 99 时，条件表达式成立，会继续在循环内执行；当 i 超过 99 时，条件表达式不成立，会跳出循环。从第一次循环开始，i 的值依次为 1、3、5、7、…、99，当 i 等于 101 时，条件表达式变为假，跳出循环。
- 第 7 行：输出 sum 的值，得到 1+3+5+…+99 的结果。

程序案例：捐款累加程序	
参考文件：5-2-2.py	学习重点：熟悉 while 循环的使用

一、程序设计目的

用 while 循环，编写一个程序，显示用户每次的捐款次数与金额，最后输入 0，结束捐款并输出捐款总额，程序执行结果如图 5-10 所示。

```
请输入捐款金额(如要结束计算请按0)：100
第1次捐款，累计：100元

请输入捐款金额(如要结束计算请按0)：150
第2次捐款，累计：250元

请输入捐款金额(如要结束计算请按0)：0
捐款金额合计：250元

In [6]:
```

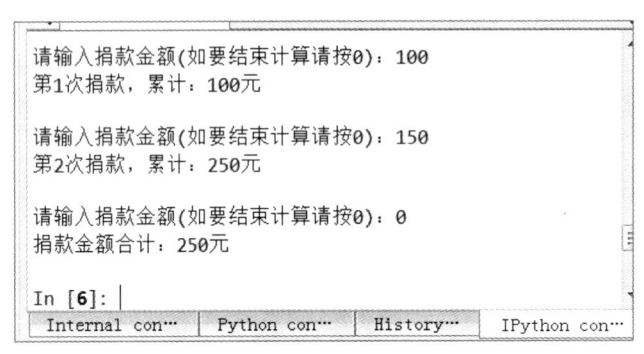

图 5-10

二、参考程序代码

行号	程序代码
1	#捐款累加程序
2	i=1
3	sum=0
4	money = int(input('请输入捐款金额(如要结束计算请按 0)：'))
5	while (money!=0):
6	sum += money
7	print('第%d 次捐款，累计：%d 元' %(i,sum))
8	i += 1
9	money = int(input('请输入捐款金额(如要结束计算请按 0)：'))
10	print('捐款金额合计：%d 元' %(sum))

三、程序代码说明

- 第 2、3 行：定义变量 i，赋初值为 1（用于计算捐款次数），定义变量 sum，赋初值为 0（用于计算捐款总金额）。
- 第 4 行：使用 input()函数输入捐款金额，强制转换成整型后存入变量 money。
- 第 5~9 行：根据条件表达式 money!=0 进行判断，当 money 值不为 0 时，条件表达式成立，进入 while 循环；当 money 值为 0 时，条件表达式不成立，跳出循环。
- 第 10 行：输出 sum 的值，得到总捐款金额。

TIPs while…else…循环

while 循环还可以搭配 else 一起使用，其语法如下：

```
while (条件表达式):
    程序块 1
else:
    程序块 2
```

当 while 循环条件表达式成立时，会执行程序块 1，不成立时执行程序块 2，举例如下：

```
i=6
while(i<6):
    print(i, end=',')
    i+=1
else:
    print('while 循环结束！')
```

变量 i 的初始值为 6，while 循环不满足，所以直接执行 else 部分的语句，其输出结果如图 5-11 所示。

```
while循环结束！

Process finished with exit code 0
```

图 5-11

5-3 break

当遇到 break 语句时，将会直接跳出 for 循环或 while 循环，不再执行循环体内的程序。

程序案例：输入一个整数，步长为 1 进行递增输出，直至遇到 7 的倍数则结束程序。

参考文件：5-3-1.py　　学习重点：break 的应用

一、程序设计目的

设计一个可以让用户输入起始数字，输出其后的连续数字，直到遇到 7 的倍数即跳出循环，例如：用户输入起始数字"10"，会输出"10 11 12 13"之值，其执行结果如图 5-12 所示。

```
计与运算思维/翻译/案例代码及开发环境安装软件/案例源代码/
Ch5')

请输入起始数字：10
10
11
12
13
以上为从起始数开始，步长为1，且非7的倍数的数字！

In [7]:
```

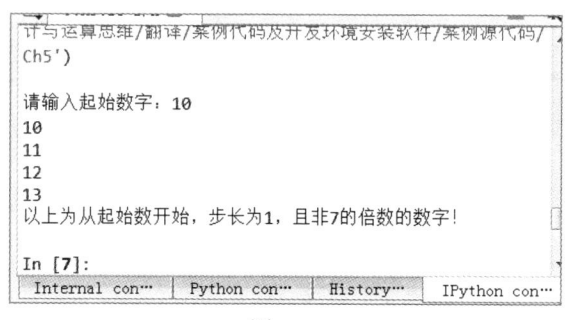

图 5-12

二、参考程序代码

行号	程序代码
1	#从起始数字开始递增，遇到 7 的倍数结束
2	num=int(input('请输入起始数字：'))
3	while(num%7!=0):
4	print("%d'%(num))
5	if(num%7==0):
6	break
7	num+=1
8	print('以上为从起始数开始，步长为 1，且非 7 的倍数的数字！')

三、程序代码说明

> 第 2 行：用 input() 函数输入一个起始数，强制转换成整型数据后存入变量 num。

> 第 3~7 行：对条件表达式 num%7!=0 进行判断，当条件成立（num 值不是 7 的倍数）时，进入 while 循环；当条件不成立（num 是 7 的倍数）时，跳出循环。

> 第 5 行：变量 num 会随循环执行依次递增，当 num 值为 7 的倍数时，进入第 6 行，跳出循环。

5-4 continue

　　循环的执行流程，一般是在循环体内的整个程序块执行完毕后，才继续下一轮循环。但是在某些特殊情况下，我们需要跳过程序块内的一部分语句，直接跳到下一轮循环的起始位置，此时就可以使用 continue。break 与 continue 最大的差别在于，break 会跳出循环，而 continue 则是忽略循环体内程序块 continue 语句后的语句，重新执行下一次的循环。

　　continue 一般是与一个判断结构结合使用，如"if"，即当符合条件时，就执行 continue 语句，从而直接跳回循环的起点。

程序案例：输出自定义区间内所有 3 的倍数

参考文件：5-4-1.py　　　　学习重点：continue 的应用

一、程序设计目的

　　编写一个程序，输出在两个给定整数区间内的所有 3 的倍数。用户输入"起始值"与"结束值"之后，会输出其中所有是 3 的倍数的数字。例如，输入 50 和 150，程序的运行结果如图 5-13 所示。

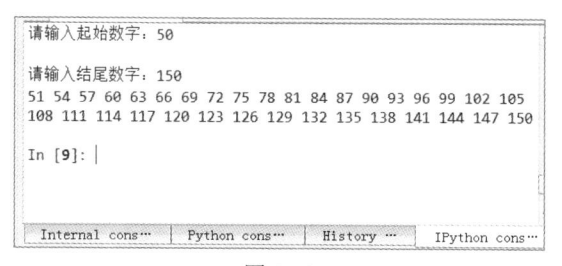

```
请输入起始数字：50
请输入结尾数字：150
51 54 57 60 63 66 69 72 75 78 81 84 87 90 93 96 99 102 105
108 111 114 117 120 123 126 129 132 135 138 141 144 147 150

In [9]:
```

图 5-13

二、参考程序代码

行号	程序代码
1	#输出自定义区间内所有 3 的倍数
2	p1=int(input('请输入起始数字：'))
3	p2=int(input('请输入结尾数字：'))
4	for i in range(p1,p2+1):
5	if(i%3!=0):
6	continue
7	print("%d ' %(i),end=")

三、程序代码说明

> 第 2、3 行：定义变量 p1 和 p2，将变量 p1 当作起始值，将变量 p2 作为结束值。
> 第 4~7 行：此段为 for 循环，变量 i 从 p1 开始，每次增加 1，只要 i 值小于 p2+1，就执行 for 循环内的程序。
> 第 5 行：用余数运算符%，判断 i 是否为 3 的倍数。当 i 值不是 3 的倍数时，会执行 continue，略过第 7 行，直接跳回循环的起点，不执行 print()函数，所以只会输出区间内 3 的倍数。

5-5 循环嵌套

如同嵌套的 if 结构，循环结构中可能还会包含循环结构，这种循环结构称之为嵌套循环。嵌套循环执行时，先从外部循环开始进行，然后执行内部循环，内部循环执行结束后，外部循环才会进行到下一轮。

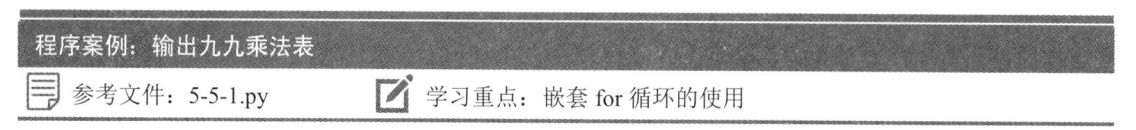

程序案例：输出九九乘法表

参考文件：5-5-1.py　　　　学习重点：嵌套 for 循环的使用

一、程序设计目的

用嵌套 for 循环结合 print()函数，输出如图 5-14 排列的九九乘法表。

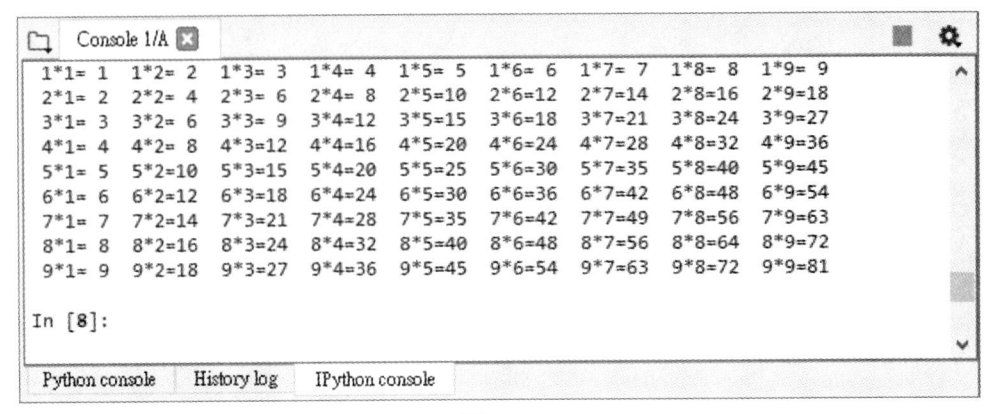

```
Console 1/A
1*1= 1   1*2= 2   1*3= 3   1*4= 4   1*5= 5   1*6= 6   1*7= 7   1*8= 8   1*9= 9
2*1= 2   2*2= 4   2*3= 6   2*4= 8   2*5=10   2*6=12   2*7=14   2*8=16   2*9=18
3*1= 3   3*2= 6   3*3= 9   3*4=12   3*5=15   3*6=18   3*7=21   3*8=24   3*9=27
4*1= 4   4*2= 8   4*3=12   4*4=16   4*5=20   4*6=24   4*7=28   4*8=32   4*9=36
5*1= 5   5*2=10   5*3=15   5*4=20   5*5=25   5*6=30   5*7=35   5*8=40   5*9=45
6*1= 6   6*2=12   6*3=18   6*4=24   6*5=30   6*6=36   6*7=42   6*8=48   6*9=54
7*1= 7   7*2=14   7*3=21   7*4=28   7*5=35   7*6=42   7*7=49   7*8=56   7*9=63
8*1= 8   8*2=16   8*3=24   8*4=32   8*5=40   8*6=48   8*7=56   8*8=64   8*9=72
9*1= 9   9*2=18   9*3=27   9*4=36   9*5=45   9*6=54   9*7=63   9*8=72   9*9=81

In [8]:
```

图 5-14

二、参考程序代码

行号	程序代码
1	#输出九九乘法表
2	for i in range (1, 10): #外循环
3	for j in range (1, 10): #内循环
4	print ('{0:2d}*{1}={2:2d}'.format(i,j,i*j), end=' ')
5	print () #换行

三、程序代码说明

➢ 第 2～5 行：利用两层 for 循环来做九九乘法表。
➢ 第 2 行：外循环，将被乘数 i 值每次递增 1。
➢ 第 3 行：内循环，将乘数 j 值每次递增 1。
➢ 第 4 行：通过 i 值和 j 值的变化，计算并输出九九乘法表的值，此处综合使用了格式化输出指令（format）来输出数据。
➢ 第 5 行：每执行完毕内循环一次，就使用 print()函数来换行。

程序案例：输出星形图 1

参考文件：5-5-2.py   学习重点：嵌套 for 循环的使用

一、程序设计目的

用嵌套 for 循环结合 print()函数，输出如图 5-15 排列的星形图样，可以让用户输入要输出的行数，每一行的星星个数与每行的行号相同。

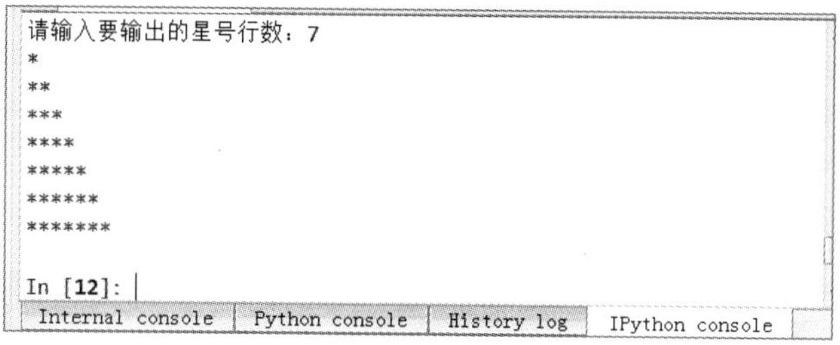

```
请输入要输出的星号行数：7
*
**
***
****
*****
******
*******

In [12]:
```

图 5-15

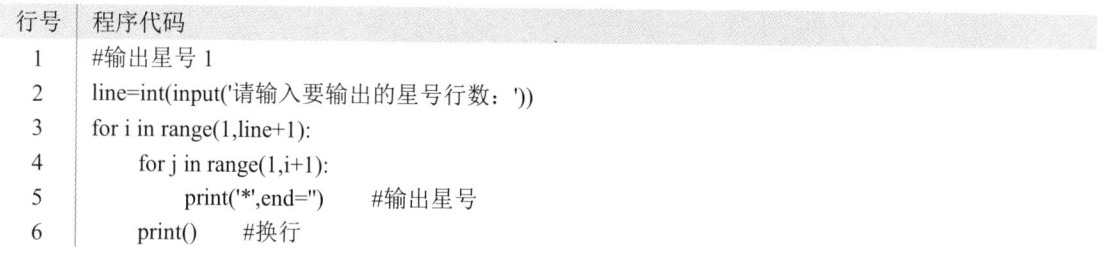

二、参考程序代码

行号	程序代码
1	#输出星号 1
2	line=int(input('请输入要输出的星号行数：'))
3	for i in range(1,line+1):
4	for j in range(1,i+1):
5	print('*',end='')　　#输出星号
6	print()　　#换行

三、程序代码说明

> 第 3 行：外循环，控制程序总共输出几行。
> 第 4 行：内循环，输出每一行的星号。
> 第 6 行：每执行完一次内循环，就使用 print()函数来进行一次换行。

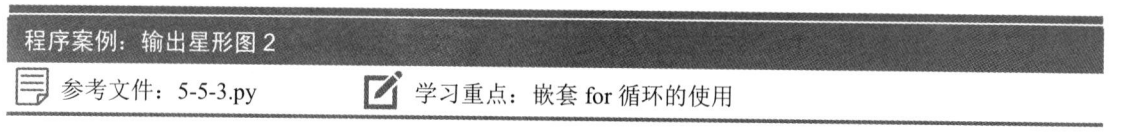

程序案例：输出星形图 2

参考文件：5-5-3.py　　　学习重点：嵌套 for 循环的使用

一、程序设计目的

用嵌套 for 循环结合 print()函数，输出如图 5-16 排列的星形图样，可以让用户输入要输出的行数，每一行的星星个数与该行的行号相同。

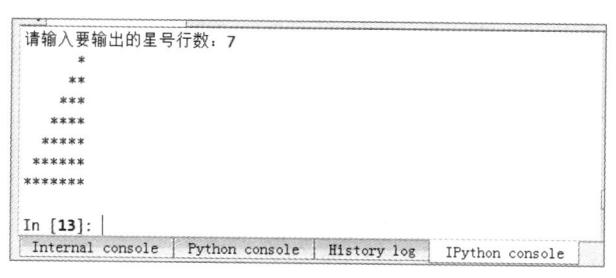

```
请输入要输出的星号行数：7
      *
     **
    ***
   ****
  *****
 ******
*******

In [13]:
```

图 5-16

二、参考程序代码

行号	程序代码
1	#输出星号 2
2	line=int(input('请输入要输出的星星行数：'))
3	for i in range(1,line+1):
4	for j in range(line,i,-1):
5	print(' ',end='') #输出空白
6	for k in range(1,i+1):
7	print('*',end='') #输出星号
8	print() #换行

三、程序代码说明

- 第 3 行：外循环，控制程序总共输出几行。
- 第 4 行：内循环，实现每一行输出的空格个数。
- 第 6 行：内循环，实现每一行输出的星号个数。
- 第 8 行：2 个内循环执行完一次后，用 print()函数输出一个换行。

5-6 程序练习

练习题 1：输出两数之间的所有质数

参考文件：5-6-1.py　　　　学习重点：嵌套 for 循环的使用

一、程序设计目的

找出两数之间的所有质数并输出，图 5-17 为 5 到 88 之间的质数运算结果。

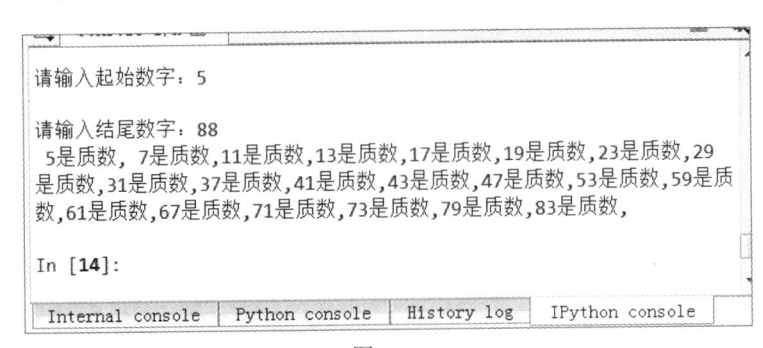

```
请输入起始数字：5

请输入结尾数字：88
 5是质数，7是质数,11是质数,13是质数,17是质数,19是质数,23是质数,29
是质数,31是质数,37是质数,41是质数,43是质数,47是质数,53是质数,59是质
数,61是质数,67是质数,71是质数,73是质数,79是质数,83是质数,

In [14]:
```

图 5-17

二、参考程序代码

行号	程序代码
1	#输出两数之间的所有质数
2	p1=int(input('请输入起始数字：'))
3	p2=int(input('请输入结尾数字：'))
4	for i in range(p1,p2+1):
5	flag=1
6	for j in range(2,i):
7	if(not(i%j)):
8	flag=0
9	if(flag):
10	print('%2d 是质数'%(i),end=',')

三、程序代码说明

> 第 4～10 行：利用两层 for 循环，结合余数运算符%，来检查是否为质数。如果有因子，则表示不是质数，flag 值会被设为 0；如果没有因子，则表示是质数，flag 值会被设为 1，并且输出该质数。

练习题 2：累加程序 1+2+4+7+11+…+106

参考文件：5-6-2.py   学习重点：while 循环的使用

一、程序设计目的

编写一个程序，输出级数 1+2+4+7+11+…+106 的计算过程与结果，执行结果如图 5-18 所示。

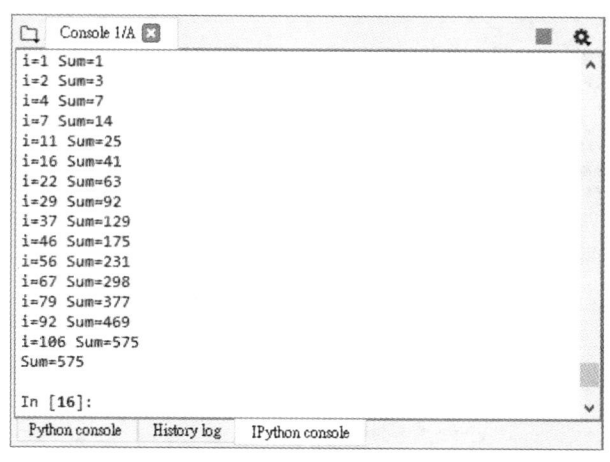

```
Console 1/A
i=1 Sum=1
i=2 Sum=3
i=4 Sum=7
i=7 Sum=14
i=11 Sum=25
i=16 Sum=41
i=22 Sum=63
i=29 Sum=92
i=37 Sum=129
i=46 Sum=175
i=56 Sum=231
i=67 Sum=298
i=79 Sum=377
i=92 Sum=469
i=106 Sum=575
Sum=575

In [16]:
```

图 5-18

二、参考程序代码

行号	程序代码
1	#非等距累加程序
2	Sum=0
3	i=1
4	j=1
5	while (i <= 106):
6	Sum += i
7	print('i=%d Sum=%d' %(i,Sum))
8	i = i + j
9	j = j + 1
10	print("Sum=%d"%(Sum))

三、程序代码说明

累加程序 1+2+4+7+11+…+106 与前面案例的不同点在于，每一项之间的差距不是等距，其间距由 1 开始，依次变成 2、3、4、…，此处要特别注意。

练习题 3：输出金字塔星形图样

参考文件：5-6-3.py　　　　　学习重点：嵌套 for 循环的使用

一、程序设计目的

用嵌套 for 循环结合 print()函数，输出如图 5-19 排列的星形图样。允许用户输入要输出的行数，每一行的星星个数与该行的行号相同。

```
请输入星星行数：6
     *
    ***
   *****
  *******
 *********
***********

In [16]:
Internal console  Python console  History log  IPython console
```

图 5-19

二、参考程序代码

行号	程序代码
1	#输出金字塔星形图样

2	line=int(input('请输入要输出的星星行数：'))
3	for i in range(1,line+1):
4	for j in range(line,i,-1):
5	print(' ',end='')　　#输出空格
6	for k in range(1,2*i):
7	print('*',end='')　　#输出星号
8	print()　　#换行

三、程序代码说明

> 此案例在输出星号的部分有一些变化，每次会增加 2 个星号。

练习题 4：计算两数的最大公因子

参考文件：5-6-4.py　　　学习重点：for 循环和余数的应用

一、程序设计目的

编写一个程序，用户输入两数，计算两数的最大公因子，图 5-20 为用户输入 84 及 36 时程序的执行结果。

图 5-20

二、参考程序代码

行号	程序代码
1	#输出两数的最大公因子
2	num1=int(input('请输入数字 1：'))
3	num2=int(input('请输入数字 2：'))
4	for i in range(1,num1+1):
5	for j in range(1,num2+1):
6	if(not(num1%i) and not(num2%i)):　　#若 num1 及 num2 可被 i 整除
7	M = i
8	print("%d 和 %d 的最大公因子是 %d"%(num1,num2,M))

三、程序代码说明

> 第 6 行：若 num1,num2 可被 i 整除，i 则是 num1 及 num2 的公因子。注意，如果 num1 可以被 i 整除，则 num1%i 的值为 0，则 not(0)=True。

> 第 7 行：找出的每一个公因子都会保存在变量 M 中，那么通过继续循环，则最后找到的公因子就是最大公因子。

练习题 5：完全数的寻找

参考文件：5-6-5.py　　　学习重点：双层 for 循环的使用

一、程序设计目的

如果一个数等于它所有的因子和，这种数我们称之为完全数（不包括它本身）。例如：

6=1+2+3
28=1+2+4+7+14

编写一个程序，找出 1～10000 之间所有的完全数，执行结果如图 5-21 所示。

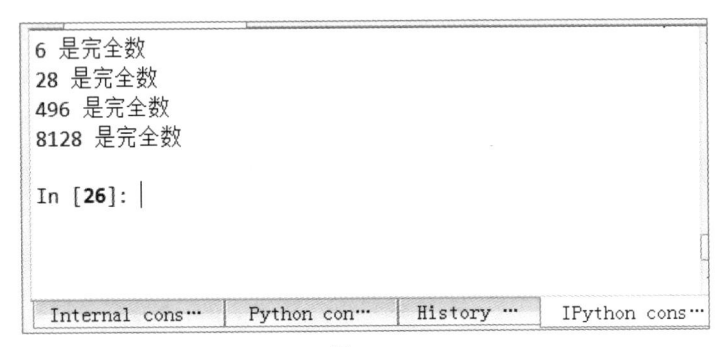

```
6  是完全数
28  是完全数
496  是完全数
8128  是完全数

In [26]:
```

图 5-21

二、参考程序代码

行号	程序代码
1	#寻找完全数程序
2	for i in range(1,10000):
3	check =0
4	for j in range(1,i):
5	if(not(i%j)): #如果 i 可以被 j 整除，则 j 是 i 的一个因子
6	check += j #把找到的因子进行累加
7	if(check == i): #如果 i 等于 icheck(i 的因子的累加和)
8	print('%d 是完全数' %(i))

三、程序代码说明

利用双层 for 循环，依次检查 1~10000 之间的数值，将各个数的因子找出来并累加，检查该数是否等于它所有的因子和。

习题

选择题

( ) 1. 下列哪个语句可以跳过后续的程序代码，并跳转到下一轮循环的起始处？
    A．break   B．next   C．for   D．continue

( ) 2. 执行下列程序后，其输出内容是什么？
```
i=3
while(i<6):
    print(i, end=',')
    i+=1
else:
    print('5')
```
    A．3,4,5,5   B．3,4,5,6   C．1,2,3,4,5   D．以上皆非

( ) 3. 下列关于 range() 函数的选项，哪一个是错误的？
    A．起始值为可选参数，其默认值为 1
    B．结束值为必备参数
    C．递增/递减值为可选参数，其默认值为 1
    D．主要用来生成整数序列

( ) 4. 下列程序的输出结果是什么？
```
num=54
while(num%7!=0):
    print('%d'%(num), end=',')
    if(num%7==0):
        break
    num+=1
else:
    print(num)
```
    A．53,54,55   B．54,55   C．54,55,56   D．54

( ) 5. for 循环的递增/递减的默认值是什么？
    A．1   B．0   C．-1   D．无

( ) 6. "(index < 10):" 可以搭配下列哪个指令来逐个检查数据？
    A．if   B．for   C．while   D．elif

( ) 7. 输出九九乘法表程序时，下列代码中的 X 和 Y 值分别是什么？

```
for i in range (1, 10):
    for j in range (X, Y):
        print ('{0:2d}*{1}={2:2d}'.format(i,j,i*j), end=' ')
```

A. 1 9　　　　　B. 1 10　　　　　C. 0 9　　　　　D. 0 10

( ) 8. 下列程序的输出结果是什么？

```
numbers = [0, 1, 2, 3, 4, 5]
index = 0
while (index < 3)
    print(numbers[index])
    index+=1
```

A. 0 1 2　　　　　B. 1 2 3　　　　　C. 1 3 5　　　　　D. 以上皆非

6 数据类型

除了基本数据类型，Python 还提供了多种复合数据类型，如列表（List）、元组（Tuple）、字典（Dict）、集合（Set）等。每种数据类型都包含了相关的函数，通过这些函数，可以用来更高效地解决较复杂的问题。

6-1 字符串型的函数

Python 的字符串数据类型（str）是用一对单引号或双引号含括起来的数据，参考例子如下：

```
name_1 = '姚明'    #以单引号包括的字符串
name_2 = "徐静蕾"   #以双引号包括的字符串
```

下面，我们介绍字符串的索引及其相关的操作函数。

6-1-1 字符串的索引

我们可以通过索引(Index)来对字符串进行访问，获取其中全部或部分字符。比如，我们创建一个 Hello Python!字符串，那么其索引值由左至右分别为从 0 至 12；由右至左的索引值分别是从-1 至-13，请参考表 6-1。

表 6-1

字符串	H	e	l	l	o		P	y	t	h	o	n	!
索引值（左至右编号）	0	1	2	3	4	5	6	7	8	9	10	11	12
索引值（右至左编号）	-13	-12	-11	-10	-9	-8	-7	-6	-5	-4	-3	-2	-1

当我们想要访问（读或写）字符串中的某个或某些字符时，就可以通过运算符[]来实现，其使用语法如下：

```
字符串名称[起始索引值 s:结束索引值 e:间隔值 i]
```

间隔值 i 可为正值或负值但不能为 0，如果是正值，则表示由左至右间隔 i 依次访问，如果是负值则表示由右至左间隔 i 依次访问。间隔值的默认值是 1。如果不指定索引的开始值与结束值，则表示从字符串的最左端开始到最右端结束。

以下例子为创建一个字符串并输出索引值为 6 处的值，其代码如下：

```
word='Hello Python!'
print(word[6])
```

其输出结果为字符 P，如果我们把输出语句改成如下：

```
print(word[-7])
```

同样是输出字符 P。

表 6-2 为字符串 word='Hello Python!'在不同的索引值参数下的返回值。

表 6-2

语法	作用	返回值
word[6:]	取得索引值 6 起到结束的字符串	Python!
word[0:5]	取得索引值 0~4 的字符串	Hello
word[:5]	取得索引值 0~4 的字符串	Hello
word[:]	取得索引值 0 起到结束的字符串	Hello Python!
word[::-1]	由右至左取得字符串	!nohtyP olleH
word[::4]	由左至右以间隔 4 个字符取得元素	Hot!
word[::-4]	由右至左以间隔 4 个字符取得元素	!toH
word[2:12:5]	由左至右间隔 5 个字符取得索引值 2~11 的元素	ly

6-1-2 字符串函数

Python 内建的很多与字符串处理相关的函数，常用的见表 6-3。

表 6-3

字符串函数	作用	例子	返回值
len(字符串)	计算字符串的长度	print(len (''))	0
		print(len ('Jason Lee'))	9（空格算 1 个字符）
		str = '你好吗？' print(len(str))	4（中文字也按 1 个字符计算）
lower()	将字符串中的英文字母转换为小写	str = 'PYTHON' print(str.lower())	python
upper()	将字符串中的英文字母转换为大写	str = 'python' print(str.upper())	PYTHON
capitalize()	将字符串中的第一个英文字母转换成大写，其余英文字母改为小写	str = 'python' print(str.capitalize())	Python

续表

字符串函数	作用	例子	返回值
islower()	判断字符串中的英文字母是否都是小写,其返回值为 True 或 False	str = 'python' print(str.islower())	True
isupper()	判断字符串中的英文字母是否都是大写,其返回值为 True 或 False	str = 'Python' print(str.isupper())	False
title()	将字符串中的每个单词变成首字母大写	str = 'it will be better!' print(str.title())	It Will Be Better!
istitle()	判断字符串中的单词是否是首字母大写,其返回值为 True 或 False	str = 'it will be better!' print(str.istitle())	False
		str = 'It Will Be Better!' print(str.istitle())	True
find (字符串)	查找目的字符串中的指定字符,如找到会返回该指定字符的索引值;如未找到会返回-1。其中索引值都是从左至右,从 0 开始编号。字符串查找是区分大小写的	str = 'Happy New Year' print(str.find('New'))	6
		str = 'Happy New Year' print(str.find('month'))	-1
		str = 'Happy New Year' print(str.find('new'))	-1
replace (旧字符串,新字符串)	用新字符串来替换旧字符串	str = 'Good Morning' print(str.replace('Morning', 'night'))	Good night
count (字符串)	计算指定字符串的出现次数	str = 'apple, app, airplane' print(str.count('app'))	2
startswith (字符串)	判断某字符串是否是以指定的字符串开头,其返回值为 True 或 False	str = 'Good Morning' print(str.startswith ('Good'))	True
		str = 'Good Morning' print(str.startswith('Bad'))	False
split ([sep])	把源字符串根据 sep 参数指定的分割字符串进行分割,从而返回几个单独的字符串。sep 参数的默认值为空格。如果源字符串中不包含指定的分割字符串,则不分割并返回源字符串	str = 'Happy New Year' print(str.split())	'Happy', 'New', 'Year'
		str = 'red,green,blue' print(str.split(','))	'red', 'green', 'blue'
		str = 'red,green,blue' print(str.split())	'red,green,blue'

6-2 列表 List

6-2-1 列表结构

列表(List)是一种数据类型,它是一个可以包含不同类型数据或空数据的数据集合,列表的

数据元素需放置于中括号[]中,以逗号分隔。列表中的数据元素是按顺序排列的,从 0 开始编号,其创建语法如下:

列表名称= [元素 1,元素 2,……]

参考示例如下:

变量 member 是列表型数据,它包含三个元素,这三个元素的数据类型分别为"数值""字符串""布尔",则该变量的创建及赋值语法如下:

member = [35, 'Jason', True]

列表中的每一个元素,可以通过该元素的索引值来取得,例如,我们要输出上述 member 列表变量中的 True,则其语法如下:

print(member[2])

返回值为:

True

列表中的元素也可以是列表,例如:

data = ['John', [78, 92], 'Mary', 20]

如要输出上述 data 列表变量中的子列表,即第 1 个元素,则语法如下:

print(data[1])

返回值为:

[78, 92]

6-2-2 列表函数

我们可以对列表中的元素进行增删改查,Python 内建了很多与列表操作相关的函数,表 6-4 为其中一些常用的函数。

表 6-4

列表函数	作用	例子	返回值
len(列表)	计算列表的长度(即元素个数)	day=[] print(len(day))	0
		data=['John',[78,92],'Mary'] print(len(data))	3
list(字符串)	将字符串转换为列表	print(list('Jason'))	['J', 'a', 's', 'o', 'n']
'sep'.join (列表)	以 sep 指定的字符串作为连接符,把列表元素连成一个字符串,sep 可以为空值	str = ['red', 'green', 'blue'] print(' '.join (str))	red green blue
		str = ['red', 'green', 'blue'] print('_'.join (str))	red_green_blue
列表.append (元素)	将元素追加到列表的末尾	data = ['Jason',True] data.append ('35') print(data)	['Jason',True,'35']

续表

列表函数	作用	例子	返回值
列表.Extend (列表 A)	将列表 A 的元素合并到列表里	data = ['Jason', [1,2]] dataA = [3,5] data.extend (dataA) print(data)	['Jason',[1,2],3,5]
列表.Insert (i,元素)	将元素插入到列表第 i 个元素之前。若 i 的值超出列表索引值范围，则将元素插入到列表末尾	data = ['Jason', [1,2]] dataA = [3,5] data.insert(1,3) print(data)	['Jason', 3, [1, 2]]
列表.remove (元素)	移除列表中的元素	data = ['Jason', [1,2],3] data.remove([1,2]) print(data)	['Jason', 3]
列表.pop(索引值)	弹出（取出并删除源值）列表中索引值位置的元素。若未指定索引值或索引值为-1，则弹出列表末尾的元素	data=['Jason',[1,2],3,'Jack'] print(data.pop())	'Jack'
		data=['Jason',[1,2],3] data.pop() print(data)	['Jason', [1, 2]]
		data=['Jason',[1,2],3,'Jack'] print(data.pop(1))	[1, 2]
		data=['Jason',[1,2],3,'Jack'] data.pop(1) print(data)	['Jason', 3, 'Jack']
列表.clear()	清除列表中的所有元素	data=['Jason',[1,2],3,'Jack'] data.clear () print(data)	[]
列表.index (元素)	用于查询元素在列表中的位置	data=['Jason',[1,2],3,'Jack'] print(data.index(3))	2
列表.reverse()	反转列表中的元素	data=['Jason',[1,2],3,'Jack'] data.reverse() print(data)	['Jack', 3, [1, 2], 'Jason']
sum(列表)	用于列表元素求和	number = [1,3,9,7,2,8] print(sum(number))	30

程序案例：工资的汇总与平均

参考文件：6-2-2-1.py　　　学习重点：熟悉列表的使用

一、程序设计目的

用 for 循环，写出一个程序，可以让用户输入每月的工资，并且存入一个列表变量之中，然后计算工资的总和与平均值并输出，其执行结果如图 6-1 所示。

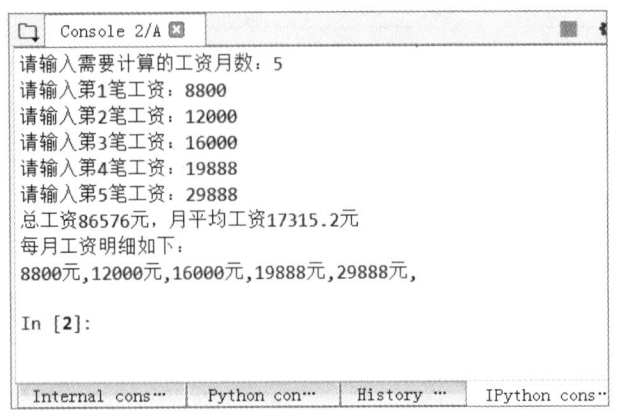

```
请输入需要计算的工资月数：5
请输入第1笔工资：8800
请输入第2笔工资：12000
请输入第3笔工资：16000
请输入第4笔工资：19888
请输入第5笔工资：29888
总工资86576元，月平均工资17315.2元
每月工资明细如下：
8800元,12000元,16000元,19888元,29888元,
```

图 6-1

二、参考程序代码

行号	程序代码
1	#薪水总和与平均值计算程序
2	num=int(input('请输入需要计算的工资月数：'))
3	salary=[]
4	sum=0
5	for i in range(1,num+1):
6	payment=int(input('请输入第%d 笔工资：'%(i)))
7	sum+=payment
8	salary.append(payment)
9	print('总工资%d 元，每月平均%.1f 元'%(sum,sum/num))
10	print('每月工资明细如下：')
11	for i in salary:
12	print ("%d 元,"%(i), end = '')

三、程序代码说明

> 第 2 行：用 input()函数输入需要计算的月数，并保存到变量 num 中，由于输入的数据默认为字符串类型，所以用 int()函数将其强制转换为整型。
> 第 3 行：建立一个名为 salary 的空列表。
> 第 4 行：将变量 sum 的初值设为 0。
> 第 5~8 行：for 循环的起始值设为 1，终止值为 num+1，其索引值为 1~num。通过表达式 sum+=payment 来对输入的各月工资（payment）进行累加，并将每月工资通过 append()函数加入到 salary 列表中。

> 第 11、12 行：用 print() 函数输出 salary 列表的值。

TIPs sort() 函数

当列表的元素同为数值或同为字符串型数据时，可用 sort() 函数为其进行排序。例如，有一个元素全为数值的列表变量 number，其元素分别为：

number = [1, 3, 9, 7, 2, 8]

如要将列表中的各个元素进行递增排列，则其语法如下：

number.sort ()

其返回值如下：

[1, 2, 3, 7, 8, 9]

如需进行递减排列，则其语法如下：

number.sort (reverse=True)

其返回值如下：

[9, 8, 7, 3, 2, 1]

程序案例：计算总成绩及平均成绩

参考文件：6-2-2-2.py　　　学习重点：熟悉列表的使用

一、程序设计目的

用 while 循环编写出一个程序，让用户可以输入分数，并将其保存入列表变量中。如果输入-1，则会停止输入，并计算总成绩及平均成绩并输出。其执行结果如图 6-2 所示。

```
请输入第1个分数(输入-1停止)：80
请输入第2个分数(输入-1停止)：88
请输入第3个分数(输入-1停止)：95
请输入第4个分数(输入-1停止)：96
请输入第5个分数(输入-1停止)：-1
总分为359分，平均分为89.75分

In [3]:
```

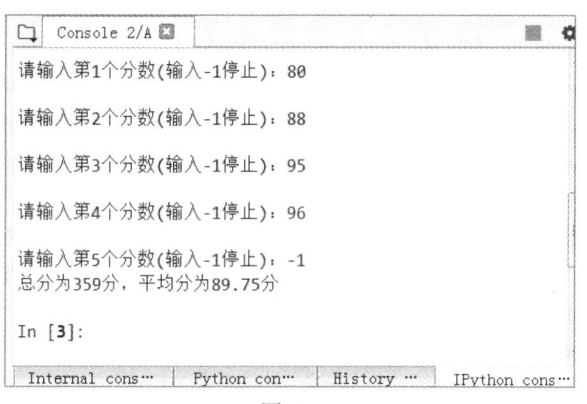

图 6-2

如果用户直接输入-1，则返回"没有输入任何成绩！"，如图 6-3 所示。

图 6-3

二、参考程序代码

行号	程序代码
1	#计算总成绩及平均成绩
2	score=[]
3	total=stu_score=0
4	i=1
5	while(stu_score!=-1):
6	stu_score=int(input('请输入第%d 个分数(输入-1 停止)："'%(i)))
7	score.append(stu_score)
8	i+=1
9	for i in range(0, len(score)-1):
10	total+= score[i]
11	num=len(score)-1
12	if(num==0):
13	print('没有输入任何成绩！')
14	else:
15	print('总分为%d 分，平均分为%.2f 分'%(total,total/num))

三、程序代码说明

> 第 2 行：创建一个名为 score 的空列表。
> 第 3 行：将变量 total 与 stu_score 的初值设为 0。
> 第 4 行：将变量 i 的初值设为 1。
> 第 5~8 行：while 循环的终止条件设为输入的成绩值为-1。用 input()函数输入成绩保存到变量 stu_score 中。由于读进来的数据是字符串型，因此用 int()函数将其强制转换为整型。第 7 行中，通过 append()函数把输入的成绩追加到 score 列表变量。
> 第 9、10 行：使用 for 循环来累加 score 列表的值。
> 第 11 行：使用 len()函数取得 score 列表的长度。
> 第 12~15 行：使用 if…else…语句来处理列表为空的情况，如果列表为空，则返回"没有输入任何成绩！"；如果列表非空，则输出总分与平均分。

6-3 元组 Tuple

元组（Tuple）也是一种数据结构，元组类型的数据可以包含不同类型的数据，也可以包含空数据，即空元组。元组数据需用圆括号括起来，其中的元素以逗号进行分隔，而且其元素也是按顺序排列的。元组的使用方式与列表相似，其差别在于不能修改其元素值，属于不可以改变内容的数据类型，其创建语法如下：

元组名称=(元素1,元素2, ……)

元素变量的创建与赋值示例如下：

tuple1 = (1,'sky', 3.5)
print(tuple1[1]) #通过索引取出 tuple 中的元素

其返回值为：

sky

Tuple 型数据中的元素不可以进行修改，若尝试修改则会发生错误，参考示例如下：

tuple1 = (1,'sky', 3.5, '')
tuple1[1]='Red'
print(tuple1[1])

其返回值为：

TypeError: 'tuple' object does not support item assignment

列表型数据和元组型数据之间可以互相转换，使用 list()函数可以将元组转换为列表，参考示例如下：

tuple1 = (1,2,3,4,5)
list1=list(tuple1) #将 tuple 转换为 list
list1.append(6) #在 list 尾端加入元素
print(list1)

其返回值为：

[1, 2, 3, 4, 5, 6]

通过 tuple()函数可以将列表转换为元组。将列表转换为元组后，就不能往其中追加或更改元素了，参考示例如下：

list2 = [1,2,3,4,5]
tuple2=tuple(list2) #将 list 转换为 tuple

tuple2.append(6)#错误，无法在 tuple 尾端插入元素
print(tuple2)

其返回值为：

AttributeError: 'tuple' object has no attribute 'append'

6-4 字典 Dict

字典也是一种数据类型，其数据需以大括号括起来，其元素是一组组的键值对，每个键值对以

逗号分隔。列表（List）与元组（Tuple）都是有序的数据类型，我们可以通过元素所在的顺序位置取出元素的值；而字典型数据（Dict）是无序的数据类型，可以通过键（Key）与值（Value）的对应关系来操作数据。

字典变量的创建及赋值语法如下：

字典名称= {键1:值1,键2:值2，……}

建立空字典的语法如下：

字典名称= {}

也可以使用 dict()函数建立空字典，其语法如下：

字典名称= dict()

6-4-1 字典数据的访问

要访问字典中某一个键值对的值时，要通过用"字典变量名.['键名']"的格式来实现，参考示例如下：

```
dict1 = {'Apple':50,'Orange':20,'Banana':15}
print(dict1) #输出字典变量的值（即其中的所有元素）
print(dict1['Apple']) #通过键取出对应的值
```

其返回值为：

```
{'Apple': 50, 'Orange': 20, 'Banana': 15}
50
```

字典中的键必须是唯一的，如果字典中的键有重复，则访问时以同名键的最后一个为准，参考示例如下：

```
dict1 = {'Apple':50,'Orange':20,'Banana':15,'Apple':30}
print(dict1['Apple'])
```

其返回值为：

```
30
```

6-4-2 字典数据的操作

在创建字典型变量后，如果想往其中添加键值对，语法示例如下：

```
dict1 = {'Apple':50,'Orange':20,'Banana':15}
dict1['Lemon']=35 #向字典型变量中追加数据
print(dict1) #输出字典变量的全部元素
```

其返回值为：

```
{'Apple': 50, 'Orange': 20, 'Banana': 15, 'Lemon': 35}
```

若要修改字典中的键值对，可以通过键来实现，参考示例如下：

```
dict1 = {'Apple':50,'Orange':20,'Banana':15}
dict1['Orange']=30 #修改字典中键值对的值
print(dict1) #输出字典变量的值
```

Orange 键的值由 20 改为了 30，其返回结果如下：

```
{'Apple': 50, 'Orange': 30, 'Banana': 15}
```

可通过 del 来删除字典中的键值对，参考示例如下：

```
dict1 = {'Apple':50 ,'Orange':20, 'Banana':15}
del dict1['Orange'] #删除字典的键值对
print(dict1) #输出字典变量的值
```

删除 Orange 键值对后，其返回值如下：

```
{'Apple': 50, 'Banana': 15}
```

我们也可以用 del 来删除字典变量，参考示例如下：

```
dict1 = {'Apple':50 ,'Orange':20, 'Banana':15}
del dict1 #删除字典变量
print(dict1) #输出字典的值
```

删除字典变量 dict1 后，再用 print()函数输出 dict1 的值时会出现错误信息，其返回结果如下：

```
NameError: name 'dict1' is not defined
```

若要只删除字典变量中的所有键值对，但仍然保留字典变量，可以使用 clear()函数，参考示例如下：

```
dict1 = {'Apple':50 ,'Orange':20, 'Banana':15}
dict1.clear() #清除字典中所有的元素
print(dict1) #输出字典变量的值
```

用 clear()函数清除 dict1 字典中的元素后，用 print()函数输出 dict1 的值时，其结果为空值。所以上述代码的返回值如下：

```
{}
```

6-4-3 字典操作相关函数

Python 内建了很多与字典操作相关的函数，表 6-5 为常用的字典函数。

表 6-5

列表函数	作用	例子	返回值
len(字典)	计算字典的元素个数	day={} print(len(day))	0
		day={'A':5,'B':2,'C':15} print(len(day))	3
字典.copy()	字典复制	dict1={'A':1,'B':2,'C':3} dict2=dict1.copy() print(dict2)	{'A':1,'B':2,'C':3}
字典.get(键[,值])	获取键所对应的值，如没有该键则返回 None 或参数指定的值	dict1={'A':11,'B':22,'C':33} print(dict1.get('B'))	22
		dict1={'A':11,'B':22,'C':33} print(dict1.get('D'))	None
		dict1={'A':11,'B':22,'C':33} print(dict1.get('D',5))	5

续表

列表函数	作用	例子	返回值
键 in 字典	检查指定的键在字典中是否存在，如存在则返回 True，否则返回 False	dict1={'A':11,'B':22,'C':33} print('B' in dict1) print('D' in dict1)	True False
字典.items()	返回以键值对作为元素的列表	dict1={'A':11,'B':22} print(dict1.items())	[('A',11),('B',22)]
字典.keys()	返回以键为元素的列表	dict1={'A':11,'B':22} print(dict1.keys())	['A', 'B']
字典.values()	返回以值为元素的列表	dict1={'A':11,'B':22} print(dict1.values())	[11, 22]
字典.setdefault(键[,值])	为指定键的赋值，如该键已经存在，则其值不变，如该键不存在，则创建新的键值对	dict1={'A':1,'B':2} dict1.setdefault('B',5) print(dict1)	{'A': 1, 'B': 2}
		dict1={'A':1,'B':2} dict1.setdefault('C',5) print(dict1)	{'A':1,'B':2,'C':5}
		dict1={'A':1,'B':2} dict1.setdefault('C') print(dict1)	{'A':1,'B':2,'C':None}

程序案例：字典操作程序

参考文件：6-4-3-1.py　　学习重点：熟悉字典函数的使用

一、程序设计目的

创建三条由学生的姓名和成绩所构成的字典型数据，用 list()函数将键、值分别转换成列表型数据，并保存至列表变量 keys 及 values 中，然后再用 for 循环进行输出，其运行结果如图 6-4 所示。

```
王小帅 的成绩为 90分
李小龙 的成绩为 98分
刘小宝 的成绩为 88分

Process finished with exit code 0
```

图 6-4

二、参考程序代码

行号	程序代码
1	#字典操作程序

```
2    dict1={'王小帅':90,'李小龙':98,'刘小宝':88}
3    keys=list(dict1.keys())
4    values=list(dict1.values())
5    for i in range(len(keys)):
6        print('%s 的成绩为 %d 分'%(keys[i],values[i]))
```

三、程序代码说明

- ➤ 第 2 行：创建一个字典型变量并赋值。
- ➤ 第 3 行：将字典的键转换成 keys 列表。
- ➤ 第 4 行：将字典的值转换成 values 列表。
- ➤ 第 5、6 行：用 len()函数获得字典的元素个数，并用 print()函数输出 keys 列表与 values 列表的值。

TIPs items 的运用

通过字典变量的 items()方法，可同时取得字典元素的键与值，因此上述程序如果进行如下改动，输出的结果是相同的。

6-4-3-2.py

```
#字典操作程序 2
dict1={'王小帅':90,'李小龙':98,'刘小宝':88}
items=list(dict1.items())#取得键值对列表
for name, score in items: #用 for 循环读取每一个键与值
    print('%s 的成绩为 %d 分'%(name, score))
```

程序案例：用字典实现翻译

参考文件：6-4-3-3.py   学习重点：熟悉字典的使用

一、程序设计目的

创建 4 条英译中字典数据，先输出字典的所有元素，然后让用户输入要查询的英文单词，程序会返回对应的中文结果。

如果英文单词存在于字典中，其返回结果如图 6-5 所示。

```
Console 2/A
{'apple': '苹果', 'ball': '球', 'cat': '猫', 'dog':
'狗'}

请输入要查询的英文单词: apple
苹果

In [7]:
```

图 6-5

如果英文单词不存在于字典中,其返回结果如图 6-6 所示。

```
请输入要查询的英文单词：eat
本字典中查无此英文单词

In [8]:
```

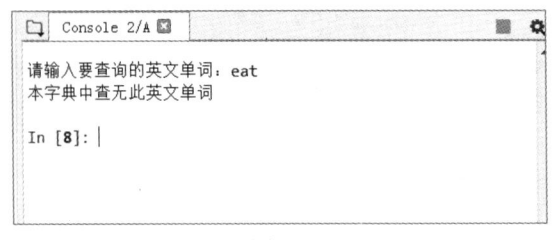

图 6-6

二、参考程序代码

行号	程序代码
1	#英译中字典程序
2	dict1={'apple':'苹果','ball':'球','cat':'猫','dog':'狗'}
3	print(dict1) #输出字典中的元素
4	word=input('请输入要查询的英文单词：')
5	print(dict1.get(word,'本字典查无此英文单词'))

三、程序代码说明

> 第 2 行：创建字典型变量，并输入 4 条中英文数据。
> 第 3 行：输出字典中的所有元素。
> 第 4 行：用 input()函数输入用户要查询的单词。
> 第 5 行：用 get()函数取得键所对应的值，如没有该键则返回 None 或所设置的提示信息，此处的提示信息为"本字典查无此英文单词"。

TIPs items 的运用

用字典变量的 items()方法，可同时取得键数据与值数据，因此，上述程序如果做如下改动，输出结果是一样的。

```
#字典操作程序 2
dict1={'王小帅':90,'李小龙':98,'刘小宝':88}
items=list(dict1.items())#取得键值对列表
for name, score in items: #用 for 循环读取每一个键与值
    print('%s 的成绩为 %d 分'%(name, score))
```

6-5 集合 Set

集合（Set）是无序的数据类型，集合内的元素可以是不同的数据类型，但不能有重复的元素，

集合会自动删除重复的元素。集合数据需用{}括起来，由此可见，字典类型事实上也是一种特殊的（元素是键值对）集合类型，其语法如下：

集合名称= {元素 1,元素 2，……}

参考示例如下：

S={'A',3,4}
print(S)

其返回值为：

{'A', 3, 4}

我们也可以通过 set()函数来创建集合变量，其中的参数可以为字符串、列表、元组或字典，其语法如下：

集合名称= set((参数))

参考示例如下：

S=set('Jason')
print(S)

集合的元素是无序的，所以其返回值中的元素顺序与原本的顺序并不一定相同，上述代码的输出如下：

{'n', 'J', 's', 'a', 'o'}

列表型数据可以通过 set()函数转换成集合型数据，示例如下：

S=set(['Jason','John',1])
print(S)

其返回值为：

{'Jason', 'John', 1}

集合中如有重复的元素，会自动被删除，参考示例如下：

S=set(['Jason','Jason',1])
print(S)

字符串 Jason 为重复的元素，所以只会留下 1 个，其返回值为：

{'Jason', 1}

字符串内如有重复的字符，也会被删除，参考示例如下：

S=set('Jesse')
print(S)

其返回值为：

{'J', 'e', 's'} #重复的字符 s 及 e 都被删除，每种字符只保留一个

6-5-1 集合元素的增删

如果想要对集合内的元素进行增添或删除，可以使用 add()函数或 remove()函数来完成，参考示例如下：

S=set('Apple')
print(S)
S.add('B') #增加元素 B
print(S)

```
S.remove('A') #删除元素 A
print(S)
```
其返回值为：

{'A', 'p', 'e', 'l'}
{'e', 'B', 'p', 'l', 'A'}
{'e', 'B', 'p', 'l'}

程序案例：歌词文字筛选程序

📄 参考文件：6-5-1-1.py   📝 学习重点：熟悉集合的使用

一、程序设计目的

使用 input()输入一段歌词，如果歌词中有重复的文字则把重复歌词删掉。此例以输入歌词"怎么去拥有一道彩虹怎么去拥抱一夏天的风"为例，程序执行结果如图 6-7 所示。

```
请输入一段歌词：怎么去拥有一道彩虹怎么去拥抱一夏天的风
{'道', '去', '怎', '彩', '天', '的', '一', '抱', '拥',
'虹', '有', '夏', '风', '么'}
```

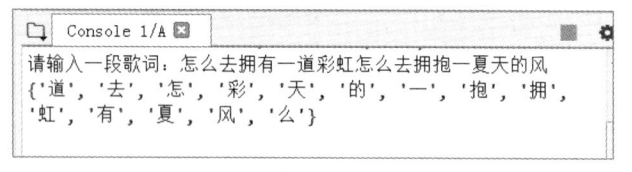

图 6-7

二、参考程序代码

行号	程序代码
1	#歌词文字筛选程序
2	song=input('请输入一段歌词：')
3	word=set(song)
4	print(word)

三、程序代码说明

➢ 第 2 行：用 input()函数输入一段歌词。
➢ 第 3 行：将歌词字符串保存到一个集合变量。
➢ 第 4 行：使用 print()函数输出集合的值。

6-5-2 集合运算

集合运算主要包括并集（|）、交集（&）、差集（-）与补集（^）运算。图 6-8 中，集合 A={1、2、3、4}，集合 B={3、5、7}，则 A|B 表示所有属于 A 集合或属于 B 集合的元素，所以 A|B={1、2、3、4、5、7}；A&B 表示既属于集合 A 且又属于集合 B 的元素，所以 A&B={3}；A-B 表示属于集合 A 但不属于集合 B 的元素，所在 A-B={1、2、4}，B-A 表示属于集合 B 但不属于集合 A 的

元素，所以 B-A={5、7}；A^B 表示属于集合 A 但不属于集合 B，或者属于集合 B 但不属于集合 A 的元素，所以 A^B={1、2、4、5、7}。

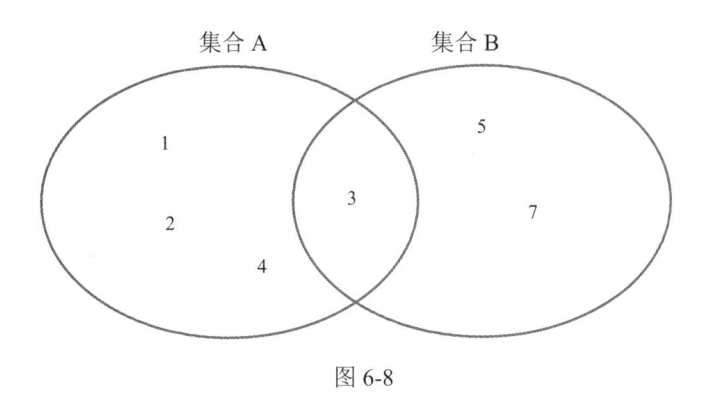

图 6-8

参考代码如下：

```
A=set('1234')
B=set('357')
print(A|B)#联集
print(A&B) #交集
print(A-B) #A-B 差集
print(B-A) #B-A 差集
print(A^B) #互斥
```

其返回值为：

```
{'4', '7', '1', '5', '2', '3'}
{'3'}
{'1', '2', '4'}
{'7', '5'}
{'4', '7', '1', '5', '2'}
```

TIPs 集合比较

通过集合的比较运算，比较判断两个集合的关系情况，比较运算的返回值为 True 或 False。集合的比较运算包括：子集判断（<=）、真子集判断（<）、超集判断（>=）、真超集判断（>），请参考下面的例子。

📄 6-5-2-1.py

```
#集合的比较运算程序
A=set('123')
B=set('1234')
print(A<=B) #A<=B 也可写成 A.issubset(B)，A 中的元素都属于 B，返回 True
print(A.issubset(B)) #A<=B 也可写成 A.issubset(B)
print(A<B) #A 中的元素都属于 B，但 B 中至少有一个元素不属于 A，返回 True
print(A>=B) #A>=B 也可写成 A.issuperset(B)，B 中的元素都属于 A，返回 True
```

```
                print(A.issuperset(B))#A>=B 也可写成 A.issuperset(B)
                print(A>B) #B 中的元素都属于 A,但 A 中至少有一个元素不属于 B,返回 True
```
其返回值为：
```
                True
                True
                True
                False
                False
                False
```

6-5-3　复合数据类型综述

本章介绍了多种复合数据类型，包括列表（List）、元组（Tuple）、字典（Dict）、集合（Set），综述如下：

- 列表类型：元素用中括号[ ]括起来，可包含不同类型的数据元素，也可以为空，元素以逗号分隔，创建示例如下：
    ```
    data_type_list= [35, 'Jason', True]
    ```
- 元组类型：元素用小括号 ()括起来，可包含不同类型的数据，也可以为空，元素以逗号分隔，元素是有顺序的，一旦创建后其元素不能修改，创建示例如下：
    ```
    data_type_tuple = (1,'sky', 3.5)
    ```
- 字典类型：元素用大括号{}括起来，可包含不同类型的数据，也可以为空，元素以逗号分隔，元素是无序的，通过键（Key）与值（Value）的对应关系来操作数据，创建示例如下：
    ```
    data_type_dict1 = {'Apple':50 ,'Orange':20, 'Banana':15}
    ```
- 集合类型：元素用大括号{}括起来，可包含不同类型的数据，也可以为空，元素以逗号分隔，元素是无序的，重复元素会被自动删掉，创建示例如下：
    ```
    data_type_set={'A',3,4}
    ```

也可使用 set()函数建立集合，其中的参数只能有一个，或者是字符串，或者是列表，或者是元组，或者是字典，创建示例如下：

```
data_type_set= set('Jason')
```

6-6　程序练习

练习题 1：句子分割及反序程序

参考文件：6-6-1.py　　　　学习重点：字符串函数的使用

一、程序设计目的

编写一个程序，让用户输入一行英文，程序可以根据空格的位置，把句子分割成单词，并且在输出时由右至左输出这些单词。例如，输入"He is a student"，则程序的运行结果如图 6-9 所示。

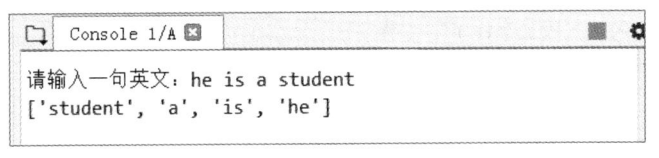

```
Console 1/A
请输入一句英文：he is a student
['student', 'a', 'is', 'he']
```

图 6-9

二、参考程序代码

行号	程序代码
1	#句子分割及反序程序
2	list1=input('请输入英文句子：')
3	words=list1.split()
4	print(words[::-1])

三、程序代码说明

> 第 3 行：用 split()函数切割字符串，此处省略 split()的 sep 参数，使用默认分割符，即空格。分割函数的返回值为一个由字符串元素（单词）组成的列表型数据。
> 第 4 行：列表数据可以通过下标（索引）来访问。words[::-1]语句省略了起始值与结束值参数，表示要访问列表变量的全部数据，最后一个参数-1 表示由右至左访问列表。

练习题 2：找出共同字程序

参考文件：6-6-2.py   学习重点：集合函数的使用

一、程序设计目的

编写一个程序，让用户输入两段文字，自动找出两段文字中相同的文字。比如，第一段文字输入"一二三四五六"，第二段文字输入"五六七八九十"，则程序返回结果如图 6-10 所示。

```
请输入第一段文字：请输入第一段文字
请输入第二段文字：请输入第二段文字
两段文字的共同字为：{'输', '第', '入', '段', '请', '字', '文'}

Process finished with exit code 0
```

图 6-10

二、参考程序代码

行号	程序代码
1	#找出两段文字内共同的文字
2	set1=input('请输入第一段文字：')

```
3    set2=input('请输入第二段文字：')
4    s1=set(set1)
5    s2=set(set2)
6    print('共同的文字为：'+str(s1&s2))
```

三、程序代码说明

> 第 2、3 行：使用 input() 函数输入两段文字。
> 第 4 行：将第一段文字（字符串）转换为集合 s1，则 s1 可以保留了 set1 中的全部文字，但删除了 set1 中的重复文字。
> 第 5 行：将第一段文字转换为集合 s2。
> 第 6 行：通过集合的交集运算（&），输出两段文字中共有的字符。

练习题 3：在电话本中查找电话

参考文件：6-6-3.py　　　　学习重点：字典的使用

一、程序设计目的

设计一个程序，可以让用户输入姓名与电话号码，输入-1 表示要结束输入。然后，我们输入一个姓名，程序可以在电话本中找出该人的电话号码并输出。程序的运行结果如图 6-11 所示。

```
请输入第1个人的姓名(输入-1停止)：张三

请输入第1个人的电话：13811111

请输入第2个人的姓名(输入-1停止)：李四

请输入第2个人的电话：13822222

请输入第3个人的姓名(输入-1停止)：-1

请输入一个姓名：张三
13811111
```

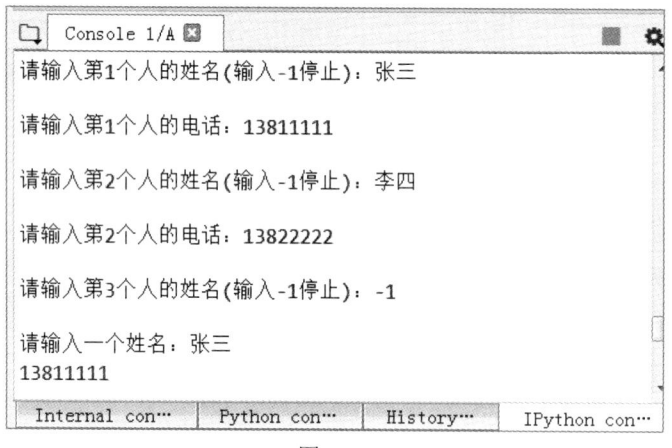

图 6-11

如果输入的姓名不在电话本中，程序会返回"电话本中查无此人！"的提示信息，程序运行的结果如图 6-12 所示。

图 6-12

二、参考程序代码

行号	程序代码
1	#创建电话本并在电话本中查找电话
2	contact={}
3	i=1
4	name=''
5	while(name!='-1'):
6	name=input('请输入第%d 个人的姓名(输入-1 停止)：'%(i))
7	if(name=='-1'):
8	break
9	phone=input('请输入第%d 个人的电话：'%(i))
10	contact[name]=phone
11	i+=1
12	search=input('请输入一个姓名：')
13	print(contact.get(search,'电话本中查无此人！'))

三、程序代码说明

- 第 2 行：创建一个空的字典变量 contact，等同于 contact=dict()。
- 第 3 行：创建一个记录电话本人数的变量 i 并赋初值为 1。
- 第 4 行：创建一个记录名字的变量 name，并初始化为空字符串。
- 第 5~11 行：如果输出的为-1，则结束循环；否则通过 input()函数输入姓名和电话。第 7、8 行是用户的姓名输入为-1 时的处理代码，如果用户姓名输入的是-1，则直接跳出 while 循环，不需再输入电话号码。第 10 行是用用户输入的姓名和电话号码作为一个键值对，写入 contact 字典变量中。
- 第 12 行：输入一个要查找电话号码的姓名，并存入变量 search 中。
- 第 13 行：用 get()函数，通过键，获得对应的值。如果键不存在（名字不存在），则返回指定的提示信息"电话本中查无此人！"。

习题

选择题

（　）1. 下列哪个选项表示列表型数据？

　　　A．{}　　　　　　B．()　　　　　　C．[]　　　　　　D．##

（　）2. 下列哪个函数可将字符串的首字母转为大写？

　　　A．capitalize ()　　B．count ()　　C．title ()　　D．upper ()

（　）3. 下列哪个函数可以创建一个字典型变量？

　　　A．key ()　　　　B．dict ()　　　C．value ()　　　D．set ()

（　）4. 下列对于元组（Tuple）的描述错误的是？

　　　A．元素需置于小括号()中

　　　B．元素可以是不同类型的数据，也可以为空

　　　C．其中的元素排列是有顺序的

　　　D．其元素的值是可以改变的

（　）5. 下列对于集合（Set）的描述错误的是？

　　　A．是无序的数据类型

　　　B．会自动删除重复的元素

　　　C．不可以用 set()函数创建集合变量

　　　D．元素需置于大括号{}中

（　）6. 下列程序代码的输出结果是什么？

```
A_1 = [5, 9]
A_2 = [3, 5]
A_3 = A_1 + A_2
A_4 = A_3 * 2
print(A_4)
```

　　　A．[[5, 9], [3, 5], [5, 9], [3, 5]]　　　B．[5, 9, 3, 5, 5, 9, 3, 5]

　　　C．[10, 18, 6, 10]　　　　　　　　　D．[[5, 9, 3, 5], [5, 9, 3, 5]]

（　）7. 一个名为 digits 的字符串变量，包含了 50 个由 0 和 1 交替而成的字符，若把这些字符依次从 1 编号到 50，下列哪个选项可以找出编号为偶数的字符？

　　　A．digits[1:3]　　B．digits[0::2]　　C．digits[2:4]　　D．digits[1::2]

（　）8. 下列代码的输出结果是什么？

```
num = [1, 2, 3, 4]
print(3 in num)
```

　　　A．3　　　　　　B．4　　　　　　C．True　　　　　D．False

7 函数

函数（Function）可以是一种具有特定功能的独立的代码模块，或者一组语句的集合。通过调用函数，可以使用该段代码的功能。适当地使用函数，可以增加程序的可读性及复用性，也可以使程序的调试与排错更加容易。

函数在结构化编程语言中占有重要的地位。使用函数可以将一个复杂的程序分解为多个较小的问题，使程序的开发更加容易，同时也有利于项目的分工合作，缩短程序开发周期。如果把具有某种功能的程序代码封装成函数，那么当其他的程序需要使用该功能时，只需调用该函数即可，无需重新编写代码。

Python 语言提供了强大的标准函数库，以及许多由第三方公司所开发的函数，善于使用这些函数，可以极大地提高开发效率。多种具有相关功能的函数可打成包，通过 import 语句，可以把指定的包直接导入到项目中使用。

7-1 函数的定义与调用

除了 Python 内置的函数及标准函数库以外，我们还可以通过 def 关键字来自行定义函数。创建 Python 函数的语法如下：

```
def 函数名称 (参数列表):
    程序块
    return 值
```

函数语法的说明如下：

- 函数名称：由开发人员根据 Python 的标识符命名规则来自定义。
- 参数列表：参数列表部分可以省略也可以包含多个参数，多个参数中间以逗号分隔。
- 程序块：即函数主体，可以包含单行或多行语句。

➢ return:函数可以有返回值,也可以没有返回值,当有返回值时,需要通过 return 指令来返回,多个返回值之间以逗号来分隔。

函数创建后,必须在程序中调用该函数的名称才会执行该函数,调用函数的语法如下:

```
[变量] = 函数名称([参数列表])
```

➢ 变量:用于保存函数的返回值,如没有返回值,不需导入变量。
➢ 参数列表:函数声明中如果包含了参数列表,则调用函数时需加入相应的参数,多个参数之间以逗号分隔。

下例为一个无参函数的定义与调用示例:

参考文件:7-1-1.py

定义一个无参函数 hello,随后调用该函数 3 次,代码如下。

```
def hello():
    print('欢迎光临 Python 世界,Python 程序语言很有威力!')
hello()
hello()
hello()
print('很重要,所以说 3 次!')
```

程序执行结果如图 7-1 所示。

图 7-1

下例为带参数的函数的定义与调用示例:

参考文件:7-1-2.py

定义一个有参数的函数 hello,其参数名称为 name,随后以不同的 name 值作为参数来调用函数,程序代码如下。

```
def hello(name):
    print('欢迎',name,'光临 Python 世界,Python 程序语言很有威力!')
hello('师太')
hello('师父')
```

程序执行结果如图 7-2 所示。

```
Console 1/A
欢迎 师太 光临Python世界，Python程序语言很有威力！
欢迎 师父 光临Python世界，Python程序语言很有威力！

In [18]:
```

图 7-2

7-2 多个参数的函数的调用

若函数的参数列表中包含了 2 个参数，则调用函数时，必须传递 2 个参数值。如果传递的参数个数少于或多于所包含的参数个数，都会产生错误。另外，函数调用时如果只传递参数的值而不传递参数名称，则参数的传递是有顺序的。

定义函数时，我们也可以为参数设定初值，那么当调用函数时，如果没有传入该参数，就会使用其初值。我们可以通过赋值运算符=来为参数设定初值。

程序范例：包含 3 个参数的加法函数

参考文件：7-2-1.py　　　　学习重点：熟悉多个参数的函数的使用

一、程序设计目的

定义一个包含 a、b、c 3 个参数的名为 add 的函数，函数可以返回 3 个参数相加后的和。图 7-3 为以不同的参数值调用该函数时的返回结果。

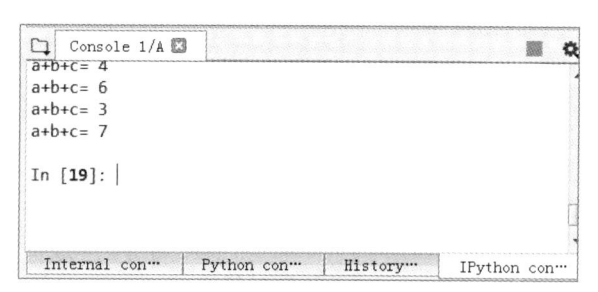

```
Console 1/A
a+b+c= 4
a+b+c= 6
a+b+c= 3
a+b+c= 7

In [19]:
```

图 7-3

二、参考程序代码

行号	程序代码
1	#用函数实现 3 个数的加法

```
2    def add(a,b,c=1): #定义三个参数 a,b,c，参数 c 的初值设为 1
3        print('a+b+c=',a+b+c)
4    add(1,2,1)
5    add(1,2,3) #调用时传入 3 个参数，则第 3 个参数的初值会被新传入的值覆盖
6    add(1,1) #调用时只传入 2 个参数，则第 3 个参数 c 会默认为其定义时的初值，程序仍可顺利执行
7    add(a=1,c=1,b=5) #如传递参数时指定了参数名称，则参数是按照名称而不是传入的位置顺序进行对应
```

三、程序代码说明

> 第 2 行：用 def 关键字定义包含 3 个参数 a、b、c 的加法函数 add，并将参数 c 的初值设为 1。

> 第 3 行：使用 print()函数输出 3 个参数相加的结果。

> 第 4 行：以参数值(1,2,1)调用 add 函数，其执行结果为 4。

> 第 5 行：以参数值 (1,2,3)调用 add 函数，第 3 个参数的值为 3，会覆盖掉 c 的初值 1，其执行结果为 6。

> 第 6 行：以参数值(1,1)调用 add 函数，调用时少了 1 个参数，所以最后一个参数 c 的值默认为初值 1，程序仍可顺利执行，其执行结果为 3。

> 第 7 行：以 (a=1,c=1,b=5)作为参数调用 add 函数，此处为参数值指定了参数名称，则参数会根据名称而不是位置顺序来传递，其执行结果为 7。

TIPs 参数不足的错误

若传入的参数个数少于函数中定义的参数数量，且缺少传入值的参数在定义时没有赋初值，则函数调用会产生错误，示例如下：

```
def add(a,b,c=1): #定义 3 个参数 a,b,c，参数 c 的初值设为 1
    print('a+b+c=',a+b+c)
add(1) #传入的参数少了 2 个，参数 c 虽有初值，但参数 b 缺少传入数据，程序发生错误
```

其执行结果为：

TypeError: add() missing 1 required positional argument: 'b'

7-3 函数的返回值

函数通过 return 关键字，可以返回指定变量的值。函数的返回值可以有多个。请参考以下的程序范例。

程序范例：自行给定起始值与终止值的累加与乘积函数程序
参考文件：7-3-1.py   学习重点：熟悉返回多个值的函数的使用

一、程序设计目的

编写一个程序，让用户输入起始值与终止值，并将这两个数据传递给函数 cal 进行累加与累乘运算，运算结束后返回和与积。图 7-4 为输入起始值为 1，结束值为 5 的运算结果。

```
起始值：1

结束值：5
函数返回的累加和为15，累乘积为120

In [41]:
```

图 7-4

二、参考程序代码

行号	程序代码
1	#把指定范围内的数进行累加与累乘的函数
2	def cal (num1, num2):
3	sum = 0
4	multiplied = 1
5	for num in range (num1, num2+1):
6	sum += num
7	multiplied *=num
8	return sum, multiplied
9	begin = int(input('起始值：'))
10	end = int(input('结束值：'))
11	sum, multiplied = cal(begin, end)
12	print('函数返回的累加和为%d，累乘积为%d' %(sum, multiplied))

三、程序代码说明

> 第 2 行：用 def 关键字定义包含两个参数 num1 和 num2 的函数 cal。
> 第 3 行：创建累加和变量 sum，初值设为 0。
> 第 4 行：创建累乘积变量 multiplied，初值设为 1。
> 第 5～7 行：用 for 循环进行累加与累乘积计算。
> 第 8 行：返回两个变量值，一个是累加和变量 sum，一个是累乘积变量 multiplied。
> 第 9 行：用 input()输入函数输入一个起始值并存入变量 begin 中，由于输入的数据默认是字符串型，所以用 int()函数把其强制转换为整型。

- 第 10 行：用 input()输入函数输入一个结束值并存入变量 end 中，由于输入的数据默认是字符串型，所以用 int()函数把其强制转换为整型。
- 第 11 行：cal 函数实际的返回值是一个 Tuple 类型的对象，其值为（15，120），通过这个赋值语句，可以依次把 Tuple 对象的第 1 个元素 15 赋给变量 sum，把 Tuple 对象的第 2 个元素 120 赋给变量 multiplied。
- 第 12 行：使用 print()函数输出变量 sum 和变量 multiplied 的值。

7-4 参数的传递

在传统的程序语言开发上，函数的参数传递分为两种：传值调用（Call-by-Value）与传址调用（Call-by-Reference）。
- 传值调用：将所传的变量的数据复制一份，再传递到函数中。
- 传址调用：将所传的变量的内存地址传递给函数，在函数内部可以直接修改该变量的值。

表 7-1 为 Call-by-Value 与 Call-by-Reference 的优缺点比较。

表 7-1

	传值调用 Call-by-Value	传址调用 Call-by-Reference
优点	安全性高，函数内部的操作不会更改函数外变量的值	比较灵活，可以在函数内部修改函数外部变量的值
缺点	空间开销大，当传入函数的数据过大时，需使用较多的内存	不安全，由于可以直接在函数内部对外部变量进行存取，易出错

Python 中的参数传递两种方式都支持：
- 当传递的数据是不可变的内容时，如数值或字符串，会以传值调用的方式来进行，即先复制变量的值再做传递。
- 当传递的数据是可变的内容时，如列表数据，会以传址调用的方式来进行，即把内存地址传递给函数。

程序范例：传值调用与传址调用的差异

参考文件：7-4-1.py　　　　学习重点：熟悉传值调用与传址调用的差异

一、程序设计目的

编写一个程序，先在主程序定义一个字符串变量 name 和一个列表变量 score，初始化并输出。然后分别以这两个变量作为参数，调用函数 name_s，在函数内修改 name 及 score 的值，并在函数内部输出。最后回到主程序输出 name 变量及 score 变量的值，其执行结果如图 7-5 所示。

```
Console 1/A
===========================
调用函数前,主程序中的变量name与score值分别为:
name: 秦始皇        score: [96, 88]

===========================
在函数内输出修改后的变量name及score的值分别为
name: 赵云         score: [96, 88, 98]

===========================
调用函数后,主程序中的变量name与score的值分别为:
name:   秦始皇      #name采用传值调用,其值没变
score:  [96, 88, 98] #score采用传址调用,其值改变

In [70]:
```

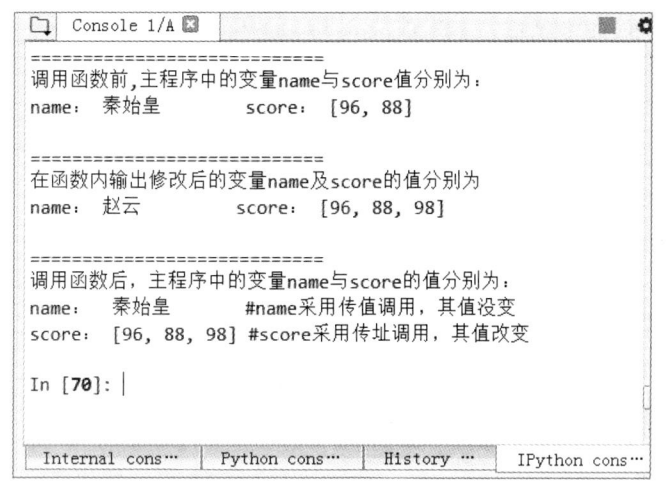

图 7-5

二、参考程序代码

行号	程序代码
1	#传值调用与传址调用的差异
2	def name_s(name, score):
3	name = '赵云' #在函数内部设置字符串变量 name 的值为'赵云'
4	score.append (98) #在函数内部向列表变量 score 追加元素 98
5	print ('============================')
6	print ('在函数内输出修改后的变量 name 及 score 的值分别为')
7	print ('name: ', name,'\t','score: ',score,'\n')
8	
9	name = '秦始皇' #字符串变量 name 在主程序中的初值
10	score = [96, 88] #列表变量 score 在主程序中的初值
11	print ('===========================')
12	print ('调用函数前,主程序中的变量 name 与 score 值分别为: ')
13	print ('name: ', name,'\t','score: ',score,'\n')
14	
15	name_s(name, score) #以变量 name 和 score 作为参数,调用函数
16	print ('===========================')
17	print ('调用函数后,主程序中的变量 name 与 score 的值分别为: ')
18	print ('name: ', name,' #name 采用传值调用,其值没变')
19	print ('score: ', score,'#score 采用传址调用,其值改变')

三、程序代码说明

> 第 2 行：用 def 定义包含两个参数 name 和 score 的函数 name_s。

- 第 3 行：在 name_s 函数中，改变 name 变量的值为"赵云"。
- 第 4 行：在 name_s 函数中，向 score 变量中追加元素。
- 第 7 行：用 prin()函数输出 name_s 函数中相关变量的值。
- 第 9 行：在主程序中定义字符串变量 name，初值为"秦始皇"。
- 第 10 行：在主程序设定列表变量 score 的初值为[96, 88]。
- 第 13 行：在调用函数 name_s 之前，输出两个变量的值。
- 第 15 行：在主程序中，用变量 name 和 score 作为参数调用函数 name_s。
- 第 18~19 行：输出调用函数 name_s 后，两个变量的值。

TIPs 变量的有效范围

每一个变量都有自己的生命周期（scope），当一个变量被定义时，也决定了这个变量存在的范围。变量根据有效范围可以分为局部变量与全局变量，说明如下：

- 局部变量：在函数内定义的变量，其有效范围仅限于该函数内部。
- 全局变量：在函数外定义的变量，其作用有效范围为整个 Python 文件。

7-5 模块与包

在 Python 中，将具有相似或相关功能的多个.py 文件组织起来，成为一个模块（module），通过 import 指令可以将模块导入文件中直接使用。将具有相关或相似功能的多个模块组织起来，形成包（Package），包也可称为套件，使用包前，也需要用 import 指令先把包导入到文件中。

7-5-1 导入一个包

Python 内建了许多功能强大的包，这些内建的包需要使用 import 命令来导入到文件后才能使用，导入包的语法如下：

```
import 包名称
```

比如，我们可以通过导入 random 包用以在程序中生成随机数，那么导入 random 包的代码如下：

```
import random
```

导入包后，就可以使用包中包含的函数，使用包函数的语法为：

```
包名称.函数名称
```

比如，random 包中的 randint()函数可以随机生成两数间的随机整数，那么，如果要生成 1 到 100 之间的随机整数，其参考代码如下：

```
import random
random.randint (1, 100)
```

以上导入包的方法，只是导入了包的名称，每次使用包函数的时候，前面都要加上包的名称，这有时对于输入来说是比较麻烦的。如果我们希望在编写代码时不需要每次都输入包名，可以通过下列方法导入包（将包内的函数全部导入进来，而不是只导入一个名称）。

from 包名称 import *

那么，我们还是以上例的生成 1 到 100 之间的随机整数为例，其程序代码变为如下：

```
from random import * #导入 random 包的所有函数
randint(1,100) #省略包名称 random
```

上述方法看起来方便了很多，但假如我们需要导入多个包，且在这些包中有同名函数，那么就很容易造成函数调用错误。要想避免错误的同时简化输入，有两处理方法。

> 方法一：直接指定要导入的包函数名称，其语法如下：

　　　　from 包名称 import 函数1, 函数2, 函数3…

> 方法二：将包名称重命名为一个简短的别名，其语法如下：

　　　　import 包名称 as 别名

比如，我们可将 random 包在导入时重新命名为 rd，就可以使用 "rd.函数名" 的方式调用其中的函数，参考代码如下：

```
import random as rd #将 random 包重命名为 rd
rd.randint (1, 100) #使用包的别名来调用函数
```

randrange()函数是另一个生成随机整数的函数，其格式为（最小值,最大值,步长），该函数可以生成指定步长的随机数，例如：

```
randrange(1,100,5) #产生数字是以 1 为基准，以 5 为步长的随机数，随机数的最大值小于 100
```

如果要产生 0.0 至 1.0 之间的随机浮点数，可使用 random()函数，该函数没有参数，其代码如下：

```
import random as rd
rd.random() #产生最小值为 0.0，最大值是 1.0 的随机浮点数
```

程序范例：自定义随机数范围与个数程序

📄 参考文件：7-5-1-1.py　　✏️ 学习重点：熟悉 import 的差异

一、程序设计目的

用 random 包中的 randint()函数设计一个程序，用户可以输入随机数的最小值、最大值以及随机数的个数，程序会自动生成指定范围内指定个数的随机数，其执行结果如图 7-6 所示。

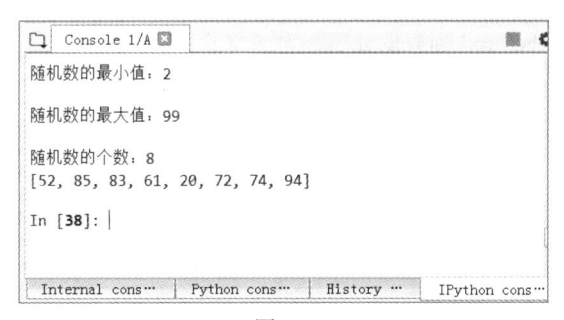

```
Console 1/A
随机数的最小值: 2
随机数的最大值: 99
随机数的个数: 8
[52, 85, 83, 61, 20, 72, 74, 94]
In [38]:
```

图 7-6

二、参考程序代码

行号	程序代码
1	#自定义随机数范围与个数
2	from random import randint
3	def Rand_Go(x, y, z): #有 3 个参数，随机数的最小值、最大值与随机数的个数
4	count = 1; result = []
5	while count <= z:
6	number = randint (x, y)
7	result.append (number)
8	count += 1
9	return result
10	x=int(input('随机数的最小值：'))
11	y=int(input('随机数的最大值：'))
12	z=int(input('随机数的个数：'))
13	MyRand=Rand_Go(x,y,z) #调用自定义函数 Rand_Go
14	print(MyRand)

三、程序代码说明

> 第 2 行：从 random 包导入 randint 函数。
> 第 3 行：用 def 定义包含 3 个参数 x、y 和 z 的函数 Rand_Go。
> 第 5~8 行：当计数小于等于使用者设定的随机数个数时，用 while 循环把新的随机数追加到 result 列表。
> 第 9 行：返回 result 列表。
> 第 10 行：输入随机数的最小值，并将其转成整型后存入变量 x。
> 第 11 行：输入随机数的最大值，并将其转成整型后存入变量 y。
> 第 12 行：输入随机数个数，并将其转成整数类型后存入变量 y。
> 第 13 行：在主程序中，以变量 x、y、z 作为参数调用函数 Rand_Go，函数的返回值存入 MyRand 列表变量。
> 第 14 行：输出 MyRand 列表的元素。

7-5-2 导入多个包

如果想要一次导入多个包，可以使用逗号来分隔各个要导入的包名，其 import 语法如下：

import 包名称 1, 包名称 2, 包名称 3⋯

7-5-3 安装第三方的包

Python 最大的优点之一，就是拥有大量第三方公司所开发的包可以被导入使用，但是，在导入第三方的包之前，需确认该包已安装。

我们在安装 Anaconda 时，已经同时安装了科学、数据分析、工程等 Python 包，如果要显示 Anaconda 已经安装的包，可以在开始菜单中选择 Anaconda3(64-bit)/Anaconda Prompt，会出现如图 7-7 所示的命令提示符窗口。

图 7-7

在命令提示符后 conda list，会按字母顺序显示已安装的包名称与版本信息，如图 7-8 所示。

图 7-8

对于已经安装的包，如果输入"conda update 包名"指令，则该包会进行更新操作。例如，我们对 ipython 包进行更新，输入指令 "conda update ipython"，Anaconda Prompt 窗口会提示用户是否确定要更新，输入 y 确定更新，反之则输入 n，如图 7-9 所示。

图 7-9

如果要安装新的包，可输入"conda install 包名"指令；如要卸载已安装的包，可输入"conda uninstall 包名"指令。

7-5-4 常用的内置函数

Python 有许多常用的内置函数，开发人员无需导入任何包就可以直接调用内置函数。比如，我们常用的 int()函数、range()函数，都是 Python 的内置函数，表 7-2 是一些常用的内置函数列表。

表 7-2

函数	含义	示例	返回值
abs(x)	取得 x 的绝对值	abs(-3)	3
		abs(5.6)	5.6
bool(x)	将 x 转成布尔值	bool(1)	True
		bool(3>5)	False
chr(x)	取得整数 x 所代表的字符	chr(65)	A
		chr(97)	a
float(x)	将 x 转成浮点数	float(3)	3.0
hex(x)	将数值 x 转成十六进制	hex(17)	0x11
max(列表)	取得列表中的最大值	max(1,2,3,4,5)	5
min(列表)	取得列表中的最小值	min(1,2,3,4,5)	1
oct(x)	将数值 x 转成八进制	oct(17)	0o21
ord(x)	取得字符 x 的 Unicode 编码或 ASCII 码	ord('李')	26446
		ord('a')	97
pow(x,y)	计算 x 的 y 次方	pow(6,3)	216
sorted(列表)	将列表元素由小到大排序	sorted([1,3,5,2,4])	[1, 2, 3, 4, 5]
str(x)	将 x 转换成字符串	str(35)	'35'
sum(列表)	求列表元素的和	sum([1,3,5])	9

TIPs Sorted()函数的 reverse 参数

Sorted()函数的 reverse 参数如果设为 True，则变成由大到小排序，示例如下：
　　sorted([1,3,5,2,4], reverse=True)
其执行结果为：
　　[5, 4, 3, 2, 1]

7-6 递归函数

递归函数（recursive function）的定义是：一个函数直接（在本函数内直接调用函数自身）或

间接（函数内调用其他函数，其他函数内又调用了该函数）地调用函数本身，称为递归函数。

许多数学公式都是以递归的方式来定义的，例如，我们想计算 n!（n 的阶乘），其公式为 "n! = n * (n-1) * (n-2)×… * 2 * 1"，可以利用 "n! = n*(n-1)!"这个公式来实现。

下面，我们给出三种实现阶乘计算的函数。

方法一：非递归的阶乘功能函数写法

用 for 循环实现阶乘。

📄 **参考文件：7-6-1.py**

```python
#非递归的阶乘功能函数写法
def fact (i):
    result = 1
    for j in range (1, i+1):
        result *= j
    return result
fac=int(input('(非递归写法)请输入要计算的阶乘：'))
print ("%d!=%d"%(fac,fact (fac)))
```

执行结果如图 7-10 所示。

```
(非递归算法)请输入要计算的阶乘：8
8!=40320

In [55]:
```

图 7-10

方法二：用递归函数实现阶乘

用递归函数实现阶乘。

📄 **参考文件：7-6-2.py**

```python
#递归的阶乘功能函数写法
def factR(x):
    if x <= 1:
        return 1
    else:
        return (x*factR(x - 1))
fac=int(input('(递归写法)请输入要计算的阶乘：'))
print ("%d!=%d"%(fac,factR(fac)))
```

执行结果如图 7-11 所示。

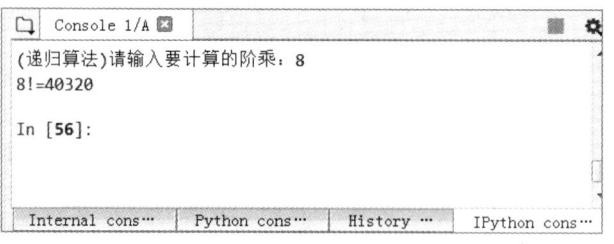

图 7-11

方法三：用 math 包中的阶乘函数实现阶乘

Python 的 math 包提供了阶乘计算函数，只要把需要计算阶乘的数值以参数的形式传递给 factorial()函数，就可获得阶乘计算的结果，使用此方法要先导入 math 包。

参考文件：7-6-3.py

```
#用 math 包中的阶乘函数计算阶乘
import math #导入 math 包
fac=int(input('(调用第三方函数的算法)请输入要计算的阶乘：'))
print ("%d!=%d"%(fac,math.factorial(fac)))
```

执行结果如图 7-12 所示。

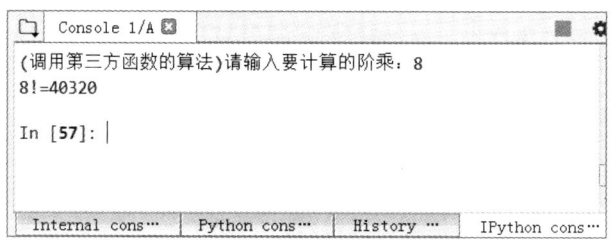

图 7-12

程序范例：斐波那契数列（递归写法）

参考文件：7-6-4.py 　　学习重点：练习递归函数

一、程序设计目的

斐波那契数列是由符合以下规划的数组成的数列：由 0 和 1 开始，随后的数都是其前两个数之和。用公式表示为：

f(1)=0
f(2)=1
f(n) = f(n-1) + f(n-2) 其中 n>=3

用递归函数的方式编写一个程序，计算斐波那契数列的第 n 项。从第 1 项开始，数列的每一项依次为：1,1,2,3,5,8,13,21,34,55…。图 7-13 求数列第 8 项的运算结果。

Chapter 7 函数 139

图 7-13

二、参考程序代码

行号	程序代码
1	#用递归法求斐波那契数列的第 n 项
2	def f(x):
3	if x == 1 or x==2:
4	return 1
5	else:
6	return (f(x-1)+f(x-2))
7	fac=int(input('(递归算法)请输入要计算的项：'))
8	print ('fibonacci(%d)=%d'%(fac,f(fac)))

三、程序代码说明

编写递归函数时，需要注意函数的中止条件，因为需要同时计算出 f(n-1)与 f(n-2)时，才会结束此函数，程序代码第 3 行的 if 语句中的表达式，就是递归函数的中止条件。

程序范例：斐波那契数列（循环写法）

📄 参考文件：7-6-5.py   📝 学习重点：练习用循环来计算斐波那契数列

一、程序设计目的

用循环的方式计算斐波那契数列的第 n 项。

图 7-14 为输入 7 时程序的执行结果。

图 7-14

二、参考程序代码

行号	程序代码
1	#用循环计算斐波那契数列的第 n 项
2	def f(x):
3	pre = 0
4	fi = 1
5	for i in range(1,x):　　#当 x=1 时，循环不执行
6	sum = pre+ fi　　#前两项相加
7	pre= fi　　　　#前一项变为后一项
8	fi= sum　　　　#后一项变为 sum
9	return fi
10	fac=int(input('(循环方法)请输入要计算的斐波那契数列第 n 项：'))
11	print ('fibonacci(%d)=%d'%(fac,f(fac)))

三、程序代码说明

➢ 第 5～8 行：利用 for 循环来做斐波那契数列的计算，根据斐波那契数列的计算公式，第 i 项为第 i-1 项加上第 i-2 项。

7-7 程序练习

练习题 1：计算某数的 n 次方

参考文件：7-7-1.py　　　学习重点：练习函数的定义与调用

一、程序设计目的

编写一个程序，创建一个自定义函数 f()，计算某一整数的 n 次方。

图 7-15 为输入整数 6 与 3 次方的执行结果。

图 7-15

图 7-16 为输入整数 2 与 10 次方的执行结果。

Chapter 7 函数

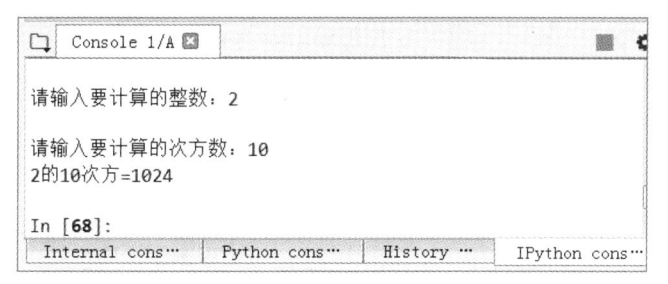

图 7-16

二、参考程序代码

行号	程序代码
1	#计算某数的 n 次方
2	def f(x,n):
3	k = x
4	for i in range(1,n):
5	x = x*k
6	return x
7	x=int(input('请输入要计算的整数：'))
8	n=int(input('请输入要计算的次方数：'))
9	print("%d 的%d 次方=%d'%(x,n,f(x,n)))

三、程序代码说明

➢ 第 2~6 行：f()函数，通过 for 循环计算次方值，然后将结果通过 return 指令返回。
➢ 第 9 行：调用自定义函数 f()。

TIPs 使用内部 pow()函数

计算某数的 n 次方，除了使用自定义函数的方法外，还可以使用 Python 内建的 pow()函数来完成，参考程序代码如下：

```
x=int(input('请输入要计算的整数：'))
n=int(input('请输入要计算的次方数：'))
print('%d 的%d 次方=%d'%(x,n,pow(x,n)))
```

练习题 2：组合数的计算

参考文件：7-7-2.py   学习重点：直接递归函数的使用

一、程序设计目的

假如要从 n 个物品中随机取出其中的 r 个，可能的结果有 C 种，那么 C 可用以下公式表示：

C(n,r) = C(n-1,r) + C(n-1,r-1)。编写一个程序，用递归的方法计算组合数。图 7-17 为输入总数 n 为 9，随机取其中 4 个时的程序运算结果。

```
Console 1/A
请输入总数n：9

请输入取数r：4
C(9,4)=126

In [69]:
```

图 7-17

二、参考程序代码

行号	程序代码
1	#计算所有可能的组合
2	def C(n , r):
3	if(n<r or r<0):　#n 必须大于 r，r 必须大于等于 0
4	return -1
5	if(n == r or r==0):　#当总数与取数相同时，或者取数为 0 时，组合只有 1 种
6	return 1
7	return C(n-1,r) + C(n-1,r-1) #组合公式
8	x=int(input('请输入总数 n：'))
9	n=int(input('请输入取数 r：'))
10	print('C(%d,%d)=%d'%(x,n,C(x,n)))

三、程序代码说明

> 第 2～7 行：函数体。
> 第 3、4 行：组合个数 n 如果小于抽取的个数 r，或者抽取的个数 r<0，都是不合法的，此时会返回-1。
> 第 5、6 行：如果总数与取数相同，或者取数为 0，组合数都为 1。
> 第 7 行：用递归完成组合数的计算。

练习题 3：终极密码

参考文件：7-7-3.py　　　学习重点：随机数函数 randint()的使用

一、程序设计目的

猜终极密码的游戏规则为：由一个人先在心里想好一个数，并公布此数的范围，大家轮流猜，如果没猜中，范围就往正确值所在的方向缩小，直到猜中为止。请写一个程序，随机生成一个1～50之间的数作为终极密码，让用户来猜这个随机数。图7-18为猜测终极密码的过程！"。

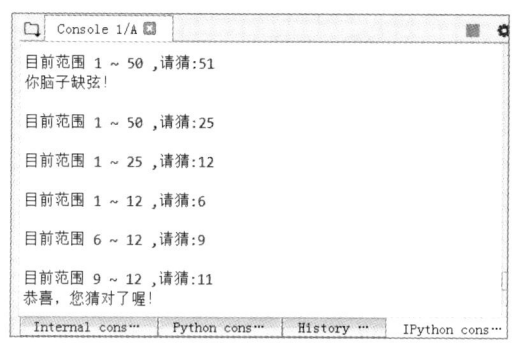

```
Console 1/A
目前范围 1 ~ 50 ,请猜:51
你脑子缺弦！
目前范围 1 ~ 50 ,请猜:25
目前范围 1 ~ 25 ,请猜:12
目前范围 1 ~ 12 ,请猜:6
目前范围 6 ~ 12 ,请猜:9
目前范围 9 ~ 12 ,请猜:11
恭喜，您猜对了喔！
```

图 7-18

二、参考程序代码

行号	程序代码
1	#终极密码猜测程序
2	import random #导入 random 包
3	answer=random.randint(1,50)
4	left=1
5	right=50
6	while(1):
7	guess=int(input('目前范围 %d ~ %d ,请猜:'%(left,right)))
8	if(guess > right or guess < left):
9	print('你脑子缺弦！')
10	continue
11	if(guess == answer):
12	break
13	else:
14	if(guess > answer):
15	right = guess
16	else:
17	left = guess
18	print('恭喜，您猜对了喔！')

三、程序代码说明

> 第 3 行：使用 random 包中的 randint()函数，生成一个 1～50 之间的随机数作为终极密码值，存入变量 answer 中。
> 第 4、5 行：定义游戏的区间，left 值设为 1，right 值设为 50。
> 第 6～17 行：使用 while 循环，直到猜中终极密码 guess == answer（程序代码第 11 行）就跳出循环。循环中会不断调整 left 值和 right 值来逼近终极密码 answer 的值。

习题

判断题

（　）1. 开发人员可以用 def 关键字来自行定义函数。
（　）2. 函数可以有传入值，不可以有返回值。
（　）3. Bool(x)函数可以把 x 转成布尔类型的值。
（　）4. Randint(1,100)函数可以产生随机数 101。
（　）5. 当要同时导入多个包时，需要以逗号分隔包名。

选择题

（　）1. 下列代码的执行结果是什么？
```
def check_Type(value):
    data = type(value)
    return data
print(check_Type(True))
```
　　A．<class 'bool'>　　B．<class 'data'>　　C．<class 'type'>　　D．<class 'true'>

（　）2. 下列 Python 程序代码语法哪个是正确的？
　　A．// 返回学生成绩　　　　　　　　B．def get_score():
　　　　def get_score():　　　　　　　　　　# 返回学生成绩
　　　　return score　　　　　　　　　　　　return score
　　C．def get_score():　　　　　　　　D．'返回学生成绩
　　　　/*返回学生成绩*/　　　　　　　　　　def get_score():
　　　　return score　　　　　　　　　　　　return score

（　）3. 下列哪个选项可以将 random 包重命名为 rd？
　　A．from random as rd　　　　　　　B．import random as rd
　　C．from random import rd　　　　　D．import rd from random

（　）4. 如果想生成最小值为 3，最大值为 8 的随机整数，下列哪个是正确的？
　　A．random.randint(3, 8)　　　　　　B．random.randint(2, 7)
　　C．random.random(3, 8)　　　　　　D．random.random(2, 7)

（　）5. 如果想生成最小值为 0.0，最大值为 1.0 的随机浮点数，下列哪个是正确的？
　　A．random.random(0.0, 1.0)　　　　B．random.random()
　　C．random.randrange(0, 1)　　　　　D．random.randint(0, 1)

（　）6. 下列的程序代码不会产生哪个值？
```
import random as rd
print(rd.randrange(0, 3))
```
　　A．0　　　　　　B．1　　　　　　C．2　　　　　　D．3

8 文件处理

8-1 文件路径基本概念

文件的路径是存取文件的关键。文件路径一般有两种形式,一种是"绝对路径",另一种是"相对路径"。图 8-1 是计算机中文件的路径结构示例。

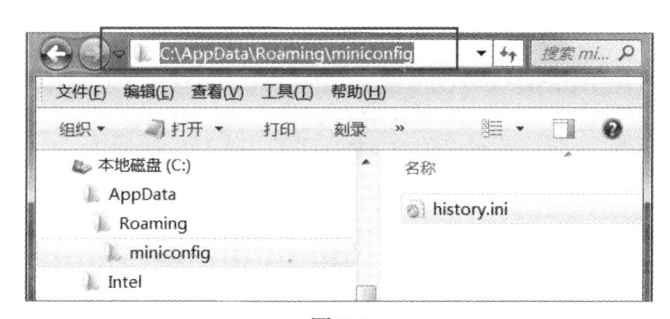

图 8-1

8-1-1 绝对路径

在 Windows 操作系统中,一个完整的文件路径一般包括"磁号""文件夹"及"文件名"三个部分。绝对路径与邮寄地址相似,如"沈阳市,三好街,143 号","沈阳市"可以和"盘号"对应;"三好街"可以和"文件夹"对应,"143 号"可以和"文件名"对象。绝对路径中的每个部分之间用"\"连接。

我们可以用下面的绝对路径,来表示图 8-1 中的文件 history.ini。

C: \ AppData \Roaming\ miniconfig\history.ini
磁盘　 文件夹1　文件夹2　文件夹3　文件名

所以，如果我们来描述 history.ini 文件的绝对路径，就可以说：C 盘中的 AppData 文件夹中的 Roaming 文件夹中的 miniconfig 文件夹中的 history.ini 文件。

8-1-2　相对路径

当绝对路径的长度很长，或没有必要指明上层文件夹的位置时，可使用相对路径。使用相对路径访问文件，使用起来更加简便。

相对路径为绝对路径的一部分，即以"当前的所在的位置"为基准，去定位"其他位置"的方法。就如同我现已经身处沈阳市三好街，那么绝对地址"沈阳市三好街 143 号"就可以用"143 号"这个相对地址来表示，所谓的相对，就是相对于"沈阳市三好街"。

所以，如果我们在计算机中，当前所处的位置为 C:\AppData\Roaming 文件夹中，那么访问上述 history.ini 文件只需使用下面的相对路径就可以：

miniconfig \history.ini

若当前位置处于 C:\AppData\Roaming\miniconfig 文件夹，则访问 history.ini 的对路径即为：

history.ini

我们可以通过".."指令，从当前文件夹位置返回上一层文件夹的位置。例如，现在的文件夹位置是 C:\AppData\Roaming\miniconfig，如果要把当前文件位置变为 C:\AppData\Roaming，则可以直接输入以下命令：

..

TIPs Python 默认的当前路径

在 Python 中，默认的当前路径为当前程序文件所在的文件夹位置。

8-2　文件操作

Python 可以利用内置的 open() 函数，打开指定的文件，以便对文件进行增删改查操作。

8-2-1　文件创建与关闭

Python 打开文件的语法如下：

open (filename[, mode][, encoding])

➢ filename：要打开的文件名，字符串类型，需包含文件的路径。路径可以是绝对路径或相对路径，如果没有指定路径，则以当前程序所在的目录为默认目录。

➢ mode：打开文件的模式，如未指定模式，默认为读模式，相关的模式见表 8-1。

表 8-1

模式	说明
r	以读模式打开文件，此为默认模式，若文件不存在，会发生读取错误

续表

模式	说明
w	以写模式打开文件，并会覆盖源文件，若文件不存在，会先创建文件（不可读取）
a	以追加模式打开文件，写入的数据会追加在源文件的后方，若文件不存在，会先创建文件（不可读取）
r+	以读写模式打开文件，写入的数据会覆盖源文件，若文件不存在，会发生读写错误
w+	以读写模式打开文件，并会覆盖源文件，若文件不存在，会先创建文件
a+	以追加模式打开文件，写入的数据会追加在源文件的后方，若文件不存在，会先创建文件

> encoding：设置文件的编码模式。一般建议可以设定为 UTF-8 编码格式，此格式全球通用，是使用最广泛的编码格式。如果是简体中文的 Windows 系统，其默认的编码模式是 GB2312，也就是在记事本中保存文件时的 ANSI 编码。在对文件进行打开可读写操作时，只有系统的编码模式与文件自身的编码模式一致或兼容时，才不会产生乱码或错误。

要读取的文件如果不存在，会返回错误信息。当文件路径作为文件操作函数的参数时，路径字符串中的"\"会被看作是特殊字符，这时，就需要在"\"的前面或后面再加一个"\"作为逃逸符。

比如，我们尝试以 r(读)模式打开一个绝对地址为"d:\test.txt"的文件，并将打开的文件保存到文件变量 file1 中，其代码如下：

file1=open('d:\\test.txt','r') #要使用逃逸符

执行结果：

No such file or directory: 'd:\\test.txt'

上述函数中，如果将 r 模式变成 w 模式，那么虽然文件不存在，但可以直接创建一个新的文件，不会出现错误提示信息，其代码如下：

file1=open('d:\\test.txt','w')

当打开的文件进行完所需的处理后，需要关闭文件，其语法如下：

close()

例如此处我们将打开的文件保存到文件变量 file1，要关闭文件的代码如下：

file1.close()

8-2-2 文件处理函数

Python 提供了很多文件处理函数（或称作方法），其中常用的见表 8-2。

表 8-2

函数	说明
flush()	将缓冲区的数据写入文件中，然后清除缓冲区内容
read([size])	从头开始读取文件中 size 所指定的长度的数据。如未指定 size，则读取文件所有数据
readable()	测试文件是否可读，若可读返回 True，不可读返回 False

续表

函数	说明
readline([size])	读取文件当前行中（文件指针所在的行）size 所指定长度的数据，如未指定 size，则读取当前行的整行数据
readlines()	读取所有行，返回值为一个列表
next(文件变量)	将文件指针移到下一行
seek(地址)	把文件指针移到指定的地址，seek(0)表示文件的开头
tell()	返回文件指针的当前位置
write(字符串)	将字符串写入文件之中
writable()	测试文件是否可写，可写返回 True，不可写返回 False

8-2-3　写文件操作

本小节介绍用 write()函数对文件进行写操作，需要写入的字符串需放在括号内。

程序案例：打开一个文件写入静夜思诗词

📄 参考文件：8-2-3-1.py　　　✏️ 学习重点：文件的写操作

一、程序设计目的

编写一个程序，打开一个文本文件，并把李白的"静夜思"写入文件之中，文件的名称与路径为"d:\poem.txt"。写入数据并关闭文件后，用记事本打开该文件，其内容如图 8-2 所示。

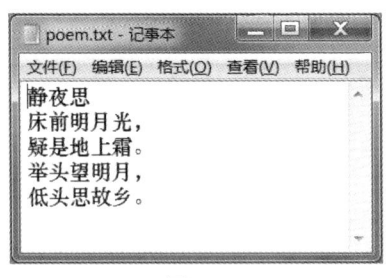

图 8-2

二、参考程序代码

行号	程序代码
1	#打开一个文件写入"静夜思"
2	file1=open('d:\\poem.txt','a')

3	file1.write('静夜思')
4	file1.write('\n 床前明月光，')
5	file1.write('\n 疑是地上霜。')
6	file1.write('\n 举头望明月，')
7	file1.write('\n 低头思故乡。')
8	file1.close()

三、程序代码说明

> 第 2 行：用 open()函数打开文件，并保存至文件变量 file1 中。此处需注意使用逃逸符，否则会出错。另外，此程序需逐行写入数据，所以要用追加模式（a 模式）打开文件才可以将新数据插入文件末尾。
> 第 3 行：用 write()函数写入诗名。
> 第 4~7 行：逐行写入诗句，此处使用换行符（\n）来换行。
> 第 8 行：用 close()函数关闭所打开的文件。

8-2-4 读文件操作

读文件需用到 read()、readline([size])与 readlines()等函数，可结合文件指针来读取文件内容。

程序案例：打开一个文件并读取全部数据

📄 参考文件：8-2-4-1.py　　📝 学习重点：readlines()函数的使用

一、程序设计目的

编写一个 Python 程序，打开一个文本文件并读取其中的内容，此处我们使用刚刚在 8-2-3-1.py 中所创建的 poem.txt 文件，该文件中的内容如图 8-3 所示。

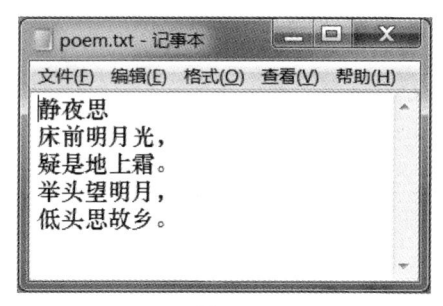

图 8-3

在 Python 中读取该文件，结果如图 8-4 所示。

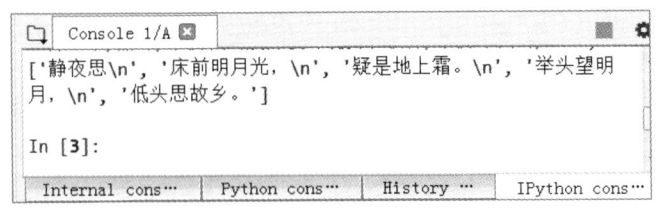

```
┌ Console 1/A ─────────────────────────── ■ ✿ ┐
['静夜思\n', '床前明月光，\n', '疑是地上霜。\n', '举头望明
月，\n', '低头思故乡。']

In [3]:
```

图 8-4

二、参考程序代码

行号	程序代码
1	#打开一个文件并读取全部数据
2	file1=open('d:\\poem.txt','r')
3	print(file1.readlines())
4	file1.close()

三、程序代码说明

> 第 2 行：用 open()函数打开文件，并保存到文件变量 file1 中。注意在文件路径作为函数的参数时需加逃逸符。此程序是用来读取文件数据，所以打开文件的模式用读模式（r 模式）。
> 第 3 行：用 readlines()函数读取所有行的内容，返回一个列表，通过 print()函数输出其内容。
> 第 4 行：用 close()函数关闭打开的文件。

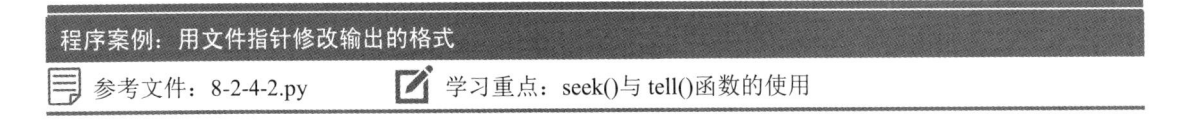

程序案例：用文件指针修改输出的格式

📄 参考文件：8-2-4-2.py　　　✏️ 学习重点：seek()与 tell()函数的使用

一、程序设计目的

编写一个 Python 程序，打开一个文本文件，读取其中的内容，此处还是以 8-2-3-1.py 所创建的 poem.txt 为例，希望在文件读进来后，输出诗名称与每行诗的第一个字，并且输出该字后的文件指针地址，执行结果如图 8-5 所示。

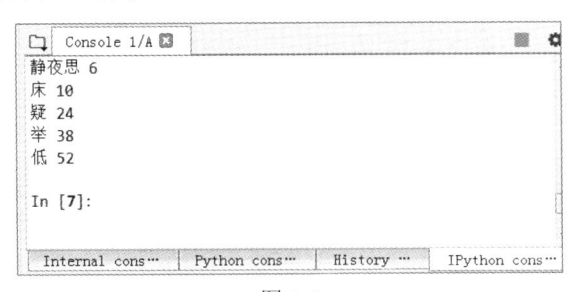

```
┌ Console 1/A ─────────────────────────── ■ ✿ ┐
静夜思 6
床 10
疑 24
举 38
低 52

In [7]:
```

图 8-5

二、参考程序代码

行号	程序代码
1	#以文件指针修改输出格式
2	file1=open('d:\\poem.txt','r')
3	file1.seek(0)
4	print(file1.read(3),file1.tell())
5	file1.seek(8)
6	print(file1.read(1),file1.tell())
7	file1.seek(22)
8	print(file1.read(1),file1.tell())
9	file1.seek(36)
10	print(file1.read(1),file1.tell())
11	file1.seek(50)
12	print(file1.read(1),file1.tell())
13	file1.close()

三、程序代码说明

- 第 2 行：用 open()函数打开文件，并保存到文件变量 file1 中。文件路径作为函数的参数时，注意需要使用逃逸符。另外，此程序是读文件，所以用读取模式 r 来打开。
- 第 3 行：用 seek()函数移动文件指针到指定位置，seek(0)为文件的开头。
- 第 4 行：用 read()函数读文件，指定读取文件的前 3 个字符，再用 print()函数输出其内容。tell()函数返回文件指针在文件中的当前位置。在输出前 3 个中文字后，其位置移至 6。
- 第 5 行：用 seek()函数移动文件指针到诗句第一行的行首。seek()函数计算位置时，1 个中文字符的长度为 2，一个英文字母长度为 1，换行符长度为 2。
- 第 6 行：用 read()函数读数据，指定读取的字符为 1 个。对于 read()函数的数值参数，1 个中文字长度算 1，1 个英文字符的长度也算 1。
- 第 13 行：用 close()函数关闭打开的文件。

8-3 文件的目录操作

Python 中内置了 os.path 包，用于对文件的各种操作，如获取文件路径、文件大小、创建目录、删除目录、删除文件、执行命令等。

8-3-1 os.path 包

os.path 包中包含了一系列与文件路径操作相关的函数。使用 os.path 包之前，必须先导入，其语法如下：

```
import os.path
```

os.path 包中常用的路径操作函数见表 8-3。

表 8-3

函数	说明
abspath()	取得文件的绝对路径（文件必须在当前文件夹内，否则发生错误）
basename()	取得路径尾部的文件名
dirname()	取得文件的目录路径（不含文件名），如要取得当前 Python 文件所在的目录路径，其语法为 os.path.dirname(__file__)
exists()	检查文件或路径是否存在，其返回值为 True 或 False
getsize()	取得文件的大小，其返回值的单位是 Bytes
isabs()	检查该路径是否为完整路径
isfile()	检查该路径是否为文件
isdir()	检查该路径是否为目录
split()	把完整路径分割成目录路径与文件名两部分
splitdrive()	把路径分割为盘名与文件路径两个部分
join()	把目录路径和文件名合并成完整路径

程序案例：打开一个文件写入诗词并检查路径及文件大小信息

参考文件：8-3-1-1.py   学习重点：文件路径与大小的检查

一、程序设计目的

编写一个 Python 程序，打开一个文本文件，写入周杰伦的"简单爱"歌词，文件的名称与路径为"E:\pythonworkspace\untitled\简单爱.txt"。打开文件并写入数据后，用记事本打开该文件，其内容如图 8-6 所示。

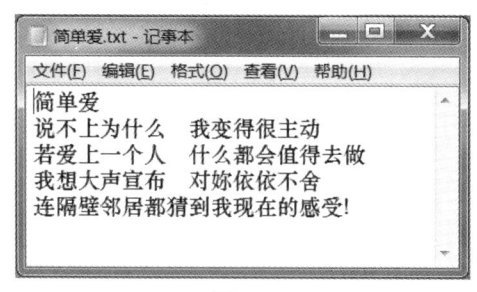

图 8-6

图 8-7 为 Python 的执行结果，首先确认文件创建成功，接着输出当前文件 8-3-1-1.py 的所在目录，再输出简单爱歌词文件的绝对路径、目录路径与文件大小。

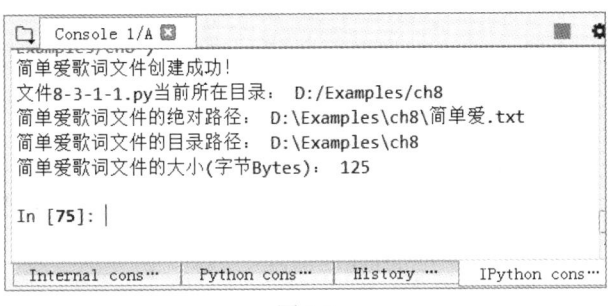

图 8-7

二、参考程序代码

行号	程序代码
1	#打开一个文件写入歌词并检查路径及文件大小信息
2	import os.path
3	file1=open('d:\\Examples\\ch8\\简单爱.txt','w') #w 模式下打开文件，若子目录不存在会产生错误
4	file1.write('简单爱')
5	file1.write('\n 若爱上一个人　什么都会值得去做')
6	file1.write('\n 说不上为什么　我变得很主动')
7	file1.write('\n 我想大声宣布　对妳依依不舍')
8	file1.write('\n 连隔壁邻居都猜到我现在的感受!')
9	file1.flush() #将缓冲区的数据写入文件中，然后清除缓冲区内容
10	file_abs=os.path.abspath('简单爱.txt') #简单爱歌词文件的绝对路径
11	if os.path.exists(file_abs):
12	print('简单爱歌词文件创建成功！')
13	print('文件 8-3-1-1.py 当前所在目录：',os.path.dirname(__file__)) #输出当前文件的路径
14	print('简单爱歌词文件的绝对路径：',file_abs) #简单爱歌词的绝对路径
15	print('简单爱歌词文件的目录路径：',os.path.dirname(file_abs))
16	print('简单爱歌词文件的大小(字节 Bytes)：',os.path.getsize(file_abs))
17	file1.close()

三、程序代码说明

> 第 2 行：导入 os.path 包。
> 第 3 行：用 open()函数的写模式打开文件，并指定给文件变量 file1。如果要打开的文件不存在，则新建文件。**此处需特别注意的是，w 模式的 open()函数，只检当前目录下(即本程序所在的目录)是否存在指定文件，所以，如果程序文件与所要打开的文件不在同一目录下，会出错。**

- 第 4~8 行：用 write()函数写入数据，用换行符\n 进行换行。
- 第 9 行：使用 flush()函数将缓冲区（对象 file1）的数据写入文件中，然后清除缓冲区内容。
- 第 10 行：调用 os.path 包的 abspath()函数取得简单爱歌词文件的绝对路径，并将结果存入变量 file_abs 中。
- 第 11 行：调用 os.path 包中的 exists()函数检查简单爱歌词文件存在与否，存在则返回 True。
- 第 12 行：输出"简单爱歌词文件创建成功！"字符串。
- 第 13 行：调用 os.path 包中的 dirname()函数，取得并输出当前文件 8-3-1-1.py 的所在目录。
- 第 14 行：输出变量 file_abs 的值。
- 第 15 行：调用 os.path 包中的 dirname()函数，取得并输出简单爱歌词文件的目录路径。
- 第 16 行：调用 os.path 包中的 getsize()函数，取得并输出该文件大小(Bytes)，此处从 Python 得到的结果是 125Bytes，与从文件管理器中看到的文件大小一样，如图 8-8 所示。
- 第 17 行：用 close()函数关闭打开的文件。

图 8-8

程序案例：把文件的绝对路径（完整路径）进行分割

参考文件：8-3-1-2.py　　学习重点：split()和 splitdrive()函数的使用

一、程序设计目的

编写一个 Python 程序，先输出文件的绝对路径，然后分别输出目录路径、文件名、盘号与文件路径，其结果如图 8-9 所示。

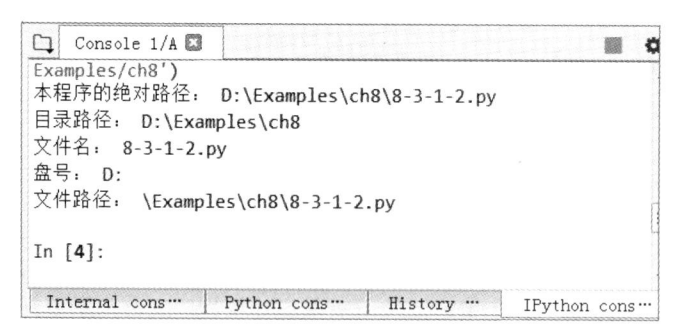

图 8-9

二、参考程序代码

行号	程序代码
1	#把文件的绝对路径分割为目录路径、文件名、盘号及文件路径
2	import os.path
3	filename=os.path.abspath('8-3-1-2.py')
4	if os.path.exists(filename):
5	print('本程序的绝对路径：',filename)
6	dirname=os.path.dirname(filename)
7	d_path,f_name=os.path.split(filename)
8	print('目录路径：', d_path)
9	print('文件名：', f_name)
10	Drive_name,f_path=os.path.splitdrive(filename)
11	print('盘号：', Drive_name)
12	print('文件路径：', f_path)

三、程序代码说明

> 第 2 行：导入 os.path 包。
> 第 3 行：调用 os.path 包中的 abspath() 函数，取得本程序文件的绝对路径，并将结果保存至变量 filename 中。
> 第 4 行：调用 os.path 包中的 exists() 函数检查本程序文件是否存在，若存在，则执行 if 结构体中的语句。
> 第 5 行：输出本程序文件的绝对路径。
> 第 6 行：调用 os.path 包中的 dirname() 函数，取得并输出 filename 中的目录部分（即不包含 8-3-2-1.py 的部分）。
> 第 7～9 行：调用 os.path 包中的 split() 函数，把 filename 分割为目录及文件名两个部分，分别存至变量 d_path 与 f_name 中。
> 第 10～12 行：调用 os.path 包中的 splitdrive () 函数，把 filename 分割为盘号部分及剩余部分，并分别存至变量 Drive_name 与 f_path 中。

8-3-2 文件和目录的创建与删除

Python 通过 os 包中的相关函数，可以对文件进行各种操作，如文件的创建与删除、目录的创建与删除等，在进行相关操作前，需先导入 os 包。

❖ **remove()函数：删除文件**

remove()函数可以删除指定文件，其语法如下：

```
remove(file)
```

remove()函数，常常会与 os.path 包的 exists()函数结合使用，先确定文件存在，再进行删除操作。

程序案例：打开一个测试文件后选择是否移除该文件
参考文件：8-3-2-1.py　　学习重点：remove()函数的使用

一、程序设计目的

设计一个 Python 程序，于 "d:\" 创建一个测试文件 "remove_test.txt"，随后应用 exists()函数确定文件是否存在，如果文件存在，就让使用者选择移除或保留文件，图 8-10 为使用者输入 "Y"，确认要删除文件的结果。

图 8-10

图 8-11 为使用者输入 "N"，要保留文件的结果。

图 8-11

二、参考程序代码

行号	程序代码
1	#打开一个测试文件，然后决定是否移除该文件
2	import os
3	file1=open('d:\\remove_test.txt','w')
4	file1.write('本文件是测试文件')
5	file1.close()
6	if os.path.exists('d:\\remove_test.txt'):
7	option=input('请确定是否要删除本文件(Y/N)：')
8	if option=='Y' or option=='y' :

9	os.remove('d:\\remove_test.txt')
10	print('文件已删除！')
11	else:
12	print('文件保留！')

三、程序代码说明

- ➢ 第 2 行：导入 os 包。
- ➢ 第 3 行：用 open()函数以写模式打开文件。
- ➢ 第 4 行：用 write()函数向文件中随便写一些数据。
- ➢ 第 5 行：使 close()函数关闭打开的文件。
- ➢ 第 6 行：调用 os.path 包中的 exists()函数检查该文件存在与否，如果存在，执行 if 结构体中的语句。
- ➢ 第 7 行：使用 input()函数输入用户选择。
- ➢ 第 8~10 行：当用户输入 Y 或 y，程序会调用 os 包中的 remove()函数删除文件，并输出"文件已移除！"提示信息。
- ➢ 第 11、12 行：当用户输入其他字符时，会输出"文件保留！"提示信息。

❖ **mkdir()函数：创建目录**

mkdir()函数可以创建目录，其语法如下：

mkdir(目录名)

创建目录时，如果要创建的目录已存在，则会产生错误。所以 mkdir()函数一般会结合 os.path 包中的 exists()函数使用，只有当目录不存在时才进行创建操作。

程序案例：创建目录

参考文件：8-3-2-2.py　　　学习重点：mkdir()函数的使用

一、程序设计目的

编写一个程序，在 C 盘创建一个新目录，目录名称由用户自定义，用 exists()函数检查要创建的目录是否已存在，如已存在则不进行创建操作。比如用户输入一个名为 testdir 的目录，程序运行结果如图 8-12 所示。

图 8-12

如果用户再次运行本程序，输入的目录名称依然是 testdir，那么，程序的运行结果如图 8-13 所示。

```
Console 1/A
请输入要在C盘创建的目录名称：testdir
该目录已存在！

In [8]:
```

图 8-13

二、参考程序代码

行号	程序代码
1	#创建目录程序
2	import os
3	NewDir=input('请输入要在 C 盘创建的目录名称：')
4	if not os.path.exists('c:\\' + NewDir):
5	os.mkdir('c:\\' + NewDir)
6	print('成功创建新目录！')
7	else:
8	print('该目录已存在！')

三、程序代码说明

> 第 2 行：导入 os 包。
> 第 3 行：输入要创建的目录名称，并且存入变量 NewDir 中。
> 第 4 行：用 exists()函数，检查该目录在 C 盘是否已存在。
> 第 5、6 行：用 mkdir()函数创建新目录，并且输出创建成功的提示信息。
> 第 7、8 行：若该目录已经存在，则不进行创建操作并输出相关信息。

❖ **rmdir()函数：删除目录**

rmdir()函数用于删除目录，其语法如下：

rmdir(目录名)

使用 rmdir()函数时，通常会搭配 os.path 包中的 exists()函数，以确定要删除的目录的存在。

❖ **system()函数：执行操作系统命令**

使用 system()函数可以执行常见的操作系统命令，如清除屏幕、创建目录、复制文件、调用记事本等操作，其语法如下：

system(命令)

程序案例：通过操作系统命令用记事本打开文件

参考文件：8-3-2-3.py   学习重点：system()函数的使用

一、程序设计目的

编写一个程序，在 8-3-2-3.py 所在的目录中，创建一个新目录，目录名称为 Dir，用 exists() 函数检查目录是否已存在，然后把文件 8-3-2-3.py 复制到 Dir 目录中，并更名为 copy.py。最后用记事本打开复制的 copy.py 文件。程序运行结果如图 8-14 所示。

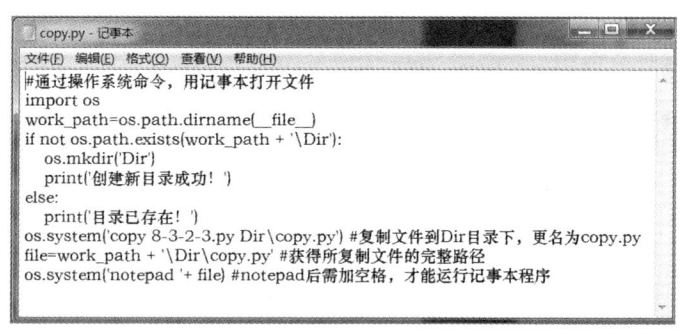

图 8-14

二、参考程序代码

行号	程序代码
1	#通过操作系统命令，用记事本打开文件
2	import os
3	work_path=os.path.dirname(__file__)
4	if not os.path.exists(work_path + '\Dir'):
5	os.mkdir('Dir')
6	print('创建新目录成功！')
7	else:
8	print('目录已存在！')
9	os.system('copy 8-3-2-3.py Dir\copy.py') #复制文件到 Dir 目录下，更名为 copy.py
10	file=work_path + '\Dir\copy.py' #获得所复制文件的完整路径
11	os.system('notepad '+ file) #notepad 后需加一空格，才能运行记事本程序

三、程序代码说明

- ➢ 第 2 行：导入 os 包。
- ➢ 第 3 行：用 os.path.dirname(__file__) 获得 8-3-2-3.py 文件的目录。
- ➢ 第 4 行：用 exists() 函数，检查该目录下是否已存在名为 Dir 的目录。
- ➢ 第 5、6 行：创建 Dir 目录，并且输出"创建新目录成功！"信息。
- ➢ 第 7、8 行：该目录已经存在，输出"目录已存在！"信息。
- ➢ 第 9 行：用 copy 指令将 8-3-2-3.py 文件复制到 Dir 目录下，并将文件名更改为 copy.py。

> 第 10 行：将程序所在的目录与新创建的目录组合成新创建文件的完整目录。
> 第 11 行：打开记事本，注意 notepad 后需加上一个空格，空格后面再接上新创建文件的完整路径名，notepad 才可以打开该文件。

8-3-3 检查文件是否存在

以读模式打开文件时，若文件不存在，会发生读取错误，结合 isfile()函数，可以避免这种情况的发生。使用此函数前需先导入 os.path 包。

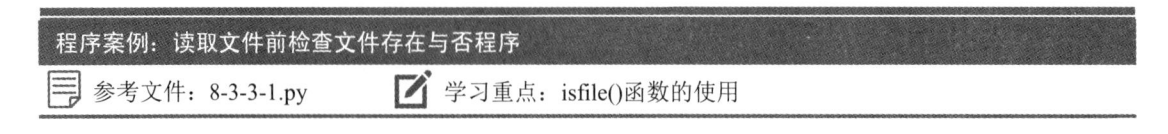

程序案例：读取文件前检查文件存在与否程序

参考文件：8-3-3-1.py　　　学习重点：isfile()函数的使用

一、程序设计目的

在本程序文件 8-3-3-1.py 所在的工作目录内，检查文件"简单爱.txt"是否存在，如果存在则输出其中的内容，如图 8-15 所示。

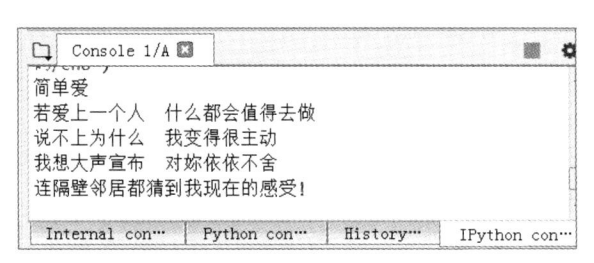

图 8-15

若文件不存在，则输出"简单爱歌词文件不存在！"提示信息，如图 8-16 所示。

图 8-16

二、参考程序代码

行号	程序代码
1	#读取文件前检查文件是否存在
2	import os.path

```
3       if os.path.isfile('简单爱.txt'):
4           fileObj=open('简单爱.txt','r')
5           for lines in fileObj:
6               print(lines,end='')
7           fileObj.close()
8       else:
9           print('简单爱歌词文件不存在！')
```

三、程序代码说明

- 第 2 行：导入 os.path 包。
- 第 3 行：在本程序文件 8-3-3-1.py 所在的目录内，通过 isfile()函数检查是否存在名为"简单爱.txt"的文件。
- 第 4~7 行：以读模式打开"简单爱.txt"文件，并且保存至文件变量 fileObj。再结合 for 循环，输出"简单爱.txt"中的内容，最后关闭文件。
- 第 8、9 行：当"简单爱.txt"文件不存在时，输出"简单爱歌词文件不存在！"提示信息。

8-4 程序练习

练习题 1：文本文件的复制

参考文件：8-4-1.py、8-4-1-s.txt　　　学习重点：复制文件操作

一、程序设计目的

编写一个 Python 程序，将文本文件 8-4-1-s.txt 更名复制为另一个文件，文本文件 8-4-1-s.txt 中的内容如图 8-17 所示。

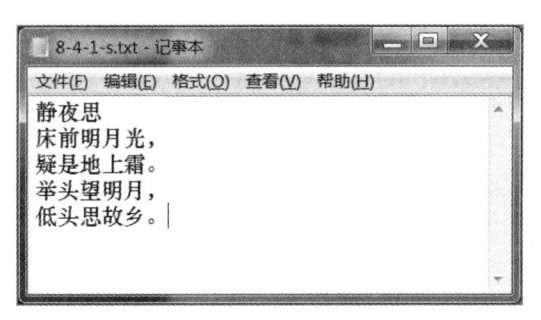

图 8-17

执行程序，输入源（source）文件的完整文件名（8-4-1-s.txt），再输入目的（target）文件的完

整文件名（8-4-1-t.txt）。若复制完成，会输出"文件复制完成！"信息，如图 8-18 所示。

图 8-18

如果程序返回"文件复制完成"的提示信息，那么，在 8-4-1-s.txt 所在的文件夹中可以看到有一个 8-4-1-t.txt，用记事本打开 8-4-1-t.txt 文件，可看到其中的内容如图 8-19 所示。

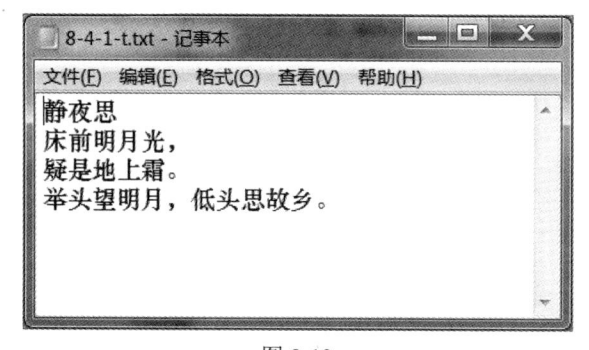

图 8-19

如果在进行复制前检查到目标文件已存在，则返回"目标文件已存在，取消复制！"的提示信息，如图 8-20 所示。

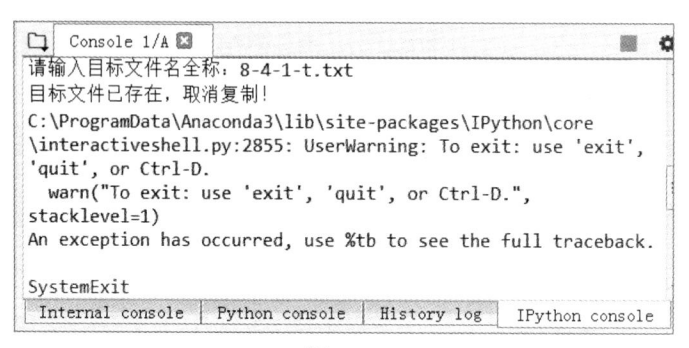

图 8-20

如果在进行复制时检查到源文件不存在，则返回"源文件不存在，取消复制！"的提示信息，如图 8-21 所示。

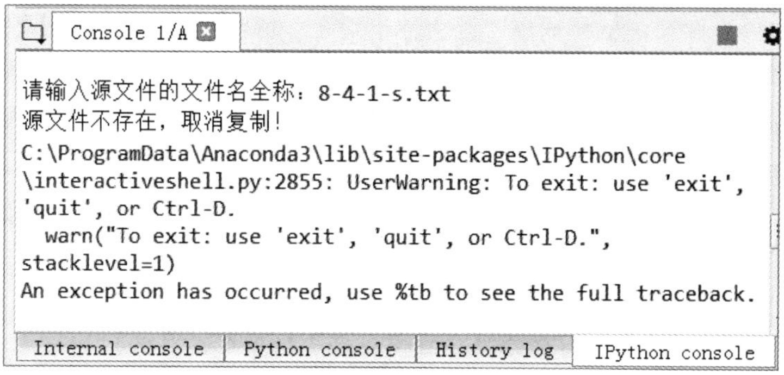
Console 1/A
请输入源文件的文件名全称：8-4-1-s.txt
源文件不存在，取消复制！
C:\ProgramData\Anaconda3\lib\site-packages\IPython\core
\interactiveshell.py:2855: UserWarning: To exit: use 'exit',
'quit', or Ctrl-D.
  warn("To exit: use 'exit', 'quit', or Ctrl-D.",
stacklevel=1)
An exception has occurred, use %tb to see the full traceback.
Internal console
Python console
History log
IPython console

图 8-21

二、参考程序代码

行号 程序代码

```
1  #文本文件复制程序
2  import os.path
3  import sys
4  source_f=input("请输入源文件的文件名全称：")
5  if not os.path.isfile(source_f):
6      print('源文件不存在，取消复制！')
7      sys.exit()
8  target_f=input("请输入目标文件名全称：")
9  if os.path.isfile(target_f):
10     print('目标文件已存在，取消复制！')
11     sys.exit()
12 fileObj1 = open(source_f,'r')
13 fileObj2 = open(target_f,'w')
14 content = fileObj1.read()
15 fileObj2.write(content)
16 fileObj1.close()
17 fileObj2.close()
18 print('文件复制完成！')
```

三、程序代码说明

- 第 2 行：导入 os.path 包。
- 第 3 行：导入 sys 包，因为需使用其中的 exit()函数退出程序。
- 第 4 行：输入的源文件名，并保存到变量 source_f 中，此处可以使用案例源文件 8-4-1-s.txt。
- 第 5～7 行：在文件 8-4-1.py 所在的目录内，用 isfile()函数检查本目录内是否存在 8-4-1-s.txt

文件。如果不存在，就会输出"源文件不存在，取消复制！"提示信息，然后调用 exit() 函数退出程序。
- 第 8 行：输入目的文件名，并保存到变量 source_t 中。此处建议可输入目的文件名 8-4-1-t.txt。
- 第9～11行：在文件8-4-1.py 所在的目录内，用 isfile()函数检查本目录内是否存在 8-4-1-t.txt 文件。如果存在，输出"目标文件已存在，取消复制！"的提示信息，然后调用 exit()函数退出程序。
- 第 12 行：以读模式(r)打开源文件，并保存到文件变量 fileObj1 中。
- 第 13 行：以写模式(w)打开目标文件，并保存至文件变量 fileObj2 中。
- 第 14 行：将源文件写入变量 content 中。
- 第 15 行：将数 content 的值写入目标文件中。
- 第 16、17 行：使用 close()函数关闭 fileObj1 与 fileObj2。
- 第 18 行：输出"文件复制完成！"字符串。

练习题 2：统计文件的行数与字数

📄 参考文件：8-4-2.py　　📝 学习重点：文件指针的操作

一、程序设计目的

编写一个 Python 程序，计算文本文件"花心.txt"的行数与字数，文本文件"花心.txt"的内容如图 8-22 所示。

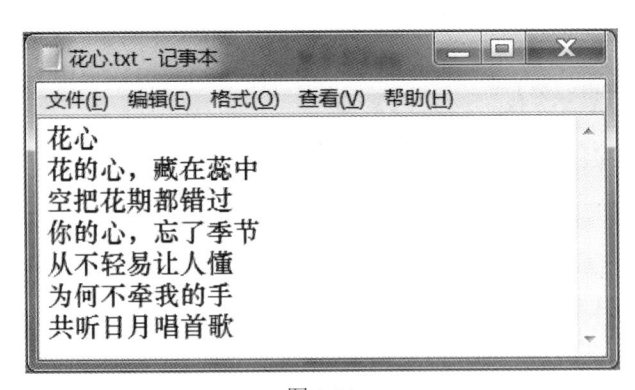

图 8-22

执行程序，首先会输出"花心.txt"中的歌词列表，然后会输出去除空格与换行符后的歌词，最后输出文件的行数与字数，其结果如图 8-23 所示。

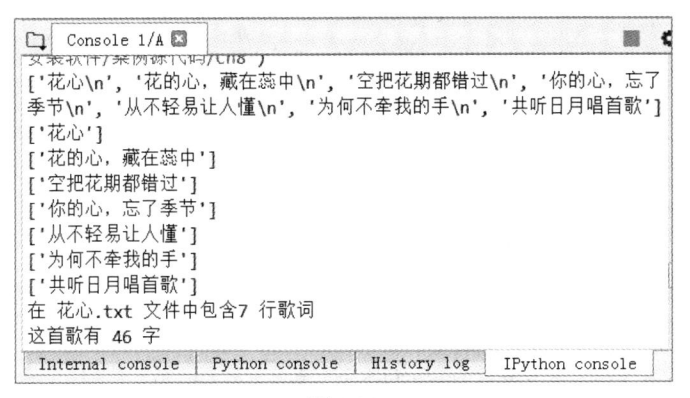

```
Console 1/A
文本软件/案例源代码/cn8
['花心\n', '花的心，藏在蕊中\n', '空把花期都错过\n', '你的心，忘了
季节\n', '从不轻易让人懂\n', '为何不牵我的手\n', '共听日月唱首歌']
['花心']
['花的心，藏在蕊中']
['空把花期都错过']
['你的心，忘了季节']
['从不轻易让人懂']
['为何不牵我的手']
['共听日月唱首歌']
在 花心.txt 文件中包含7 行歌词
这首歌有 46 字
Internal console | Python console | History log | IPython console
```

图 8-23

二、参考程序代码

行号	程序代码
1	#计算文件的行数与字数
2	filename = '花心.txt'
3	myfile = open(filename,'r') #以读模式打开指定文件
4	lines = len(myfile.readlines()) #歌词行数
5	all = 0 #用来计算总字数，初值设为 0
6	myfile.seek(0) #把文件指针重置到文件开头
7	words = myfile.readlines() #将文件中的文字按行读至列表变量 words
8	print(words) #输出 words 列表的内容
9	for x in words:
10	w1 = x.split() #处理空格与换行符
11	print(w1) #输出去掉空符与换行符以后的内容
12	for z in w1:
13	all += len(z) #字数累加
14	print ("在 %s 文件中包含%d 行歌词" % (filename, lines))
15	print('这首歌有' , all , '字')

三、程序代码说明

➢ 第 3 行：以读模式打开文件花心.txt（请确保该文件存在于 8-4-2.py 文件所在的文件夹内）。

➢ 第 6 行：计算完行数后，调用 seek()函数把文件指针重新指到文件开头，以便继续计算文件的字数。

➢ 第 7、8 行：将文件按行读进列表变量 words 中，然后输出其内容。

➢ 第 9～13 行：split()函数的分隔符参数默认值为空字符（空格、换行符、制表符），可实现以空字符分隔字符串并删除空字符。用 len()函数结合 for 循环来计算字数。

➢ 第 14、15 行：输出该文件的行数与字数。

习题

选择题

（　）1. 在 Python 语言中，如果只需要读文件内容，应使用哪个参数？
　　　　A．w 模式　　　　　B．r 模式　　　　　C．a 模式　　　　　D．c 模式

（　）2. 下列哪个函数可以一次从文件中读取一行？
　　　　A．tell()函数　　　B．readline()函数　C．seek()函数　　　D．readlines()函数

（　）3. 下列哪个函数可返回文件的绝对路径？
　　　　A．abspath()函数　B．basename()函数　C．dirname()函数　D．exists() 函数

（　）4. Python 打开文件使用哪个函数？
　　　　A．open()函数　　　B．read()函数　　　C．write()函数　　　D．find()函数

（　）5. Python 要在程序中打开记事本程序，需要使用哪个函数？
　　　　A．remove()函数　　B．mkdir()函数　　　C．rmdir()函数　　　D．system()函数

（　）6. 下列哪行代码可以检查文件 my_File 是否存在？
　　　　A．isfile('my_File.txt')　　　　　　　B．os.path.isfile('my_File.txt')
　　　　C．os.exist('my_File.txt')　　　　　　D．os.find('my_File.txt')

（　）7. 下列关于 os.path 包的描述哪个选项是错误的？
　　　　A．使用 abspath()函数可取得文件的绝对路径
　　　　B．使用 basename()函数可取得路径最后的文件名
　　　　C．使用 split()函数可把路径分割为目录与文件名两部分
　　　　D．使用 isdir()函数可检查该路径是否为文件

（　）8. 哪种文件打开模式可以读写模式打开文件、检查文件是否存在以及覆盖源文件内容？
　　　　A．open("my_file", "r+")　　　　　　B．open("my_file ", "r")
　　　　C．open("my_file", "w+")　　　　　　D．open("my_file ", "w")

⑨ 网络服务与数据抓取及分析

因特网上数据浩如烟海,其中很多与我们的工作、学习、生活密切相关。把特定网页中的特定数据,自动地从互联网上"取"出来,我们称为数据的抓取。Python 中的 urllib 包,专门用于对指定网页进行解析并从中抓取所需数据。

9-1 网络服务与 HTML

9-1-1 万维网

万维网(World Wide Web,WWW)是因特网中最重要的服务之一,WWW 服务让我们只需要一个浏览器,就可浏览各个网站中的从文本到图片、动画再到交互式网页等各种内容。

浏览器通过超文件传输协议(HyperText Transfer Protocol,HTTP)来连接到各个网站的服务器。用户在浏览器中输入一个网址,浏览器便会自动通过因特网连接到该网址所代表的网络服务器中,服务器可以把用户的相关请求数据以网页的形式返回给浏览器,返回的网页经过浏览器的解析后,呈现给用户。

在万维网中常会见到以下几个术语,如网站服务器(WWW Server)、网站(Web Site)、首页(Homepage)、网页(Web Page),相关说明如下:

(1)网站服务器:为万维网提供浏览服务的计算机,称为网站服务器,简称服务器。服务器需要通过相关的服务器软件来进行创建,例如 Apache、Windows IIS(Internet Information Service)等。

(2)网站:为了特定目的所架设的网络浏览服务站点,称为网站,一台服务器内可以架设多个不同的网站。

(3)首页:每个网站一般都包含多个网页,用户输入网站地址时,在默认情况下网站所返回给用户的第一个页面,称为首页。首页文件的文件名通常为 index.htm、index.php、index.asp、default.htm 等。

（4）网页：一个网站中，包含首页在内的所有页面，称为网页。网页可以呈现文字、图片、动画等各种数据。

我们还可以用书架、书、书的封面、书的内文分别来比喻网站服务器、网站、首页、网页的关系，一个书架可以有多本书，也就是一台服务器可以配置多个网站，每本书的封面就类似网站首页，书的内文就是网站里一页页的网页。

9-1-2 域名服务器

一般情况下，网站服务器有两个名字，一个是网站名称，称为域名，另一个是网站服务器在互联网中全世界唯一的"身份证号"，我们称为 IP 地址，这两个地址是一对多的关系（为了提高访问速度及负载均衡，大的公共网站一个域名会对应多台服务器）。专门负责完成网站域名与对应的 IP 地址之间转换工作的服务器，我们称为域名服务器（Domain Name Server，DNS）。通常我们为了避免域名服务器故障，会多设定一台域名服务器当作备用。

域名服务器在进行网址解析（转换）的时候，可以进行正向名称解析（Forward Name Resolution）与反向名称解析（Reverse Name Resolution）。所谓的正向名称解析是指从域名解析出 IP 地址，而反向名称解析是指从 IP 地址解析出域名。在操作系统的命令行模式之下，我们可以用 nslookup 命令来对网站域名进行解析。

9-1-3 HTML 语法

有"万维网之父"之称的英国计算机科学家蒂姆·伯纳斯·李（Tim Berners-Lee），于 1989 年 3 月第一次提出用超文本技术（HTML）把各实验室的电脑连接起来。之后，HTML 技术就深深地影响了网络世界的发展。1993 年，国际标准化组织 W3C（World Wide Web Consortium）推出 HTML 1.0 版，HTML 语言正式成为网络世界的通用语言，任何网页的开发，都与 HTML 脱离不了关系。所以，如果我们要学习网页设计，一定需要了解基本的 HTML 语法，以便能更深入地开发专业网站。

超文件标识语言 HTML 主要是通过各种控制标签（Tags）、文本及符号的使用，来编写浏览器可以理解的 HTML 文件，呈现各种网页内容及效果。

在 HTML 语法中，多数标签成对出现，<>表示一个标签的开始，</>表示一个标签的结束。部分标签也可以单独出现。

- ➢ <HTML>：这是 HTML 文件的第一个控制标签，主要功能是告诉浏览器 HTML 文件的开始与结束。<HTML>是文件的开头，而</HTML>是文件的结尾。
- ➢ <HEAD>标签：用来表示文件标题信息的开始与结束，在<HEAD>与</HEAD>之间经常加入<TITLE>标签来设定标题文字。
- ➢ <TITLE>标签：用来设定网页标题。<TITLE>与</TITLE>之间的文字，将会被浏览器解析为网页标题。
- ➢ <BODY>标签：网页主体标签。在 HTML 文件中，大部分的标签都位于网页主体之中。<BODY>表示页面主体的开头，而</BODY>表示页面主体的结尾；在<BODY>标签中，可以设置网页文件的相关属性，如通过 BGCOLOR 属性可设定 HTML 页面的背景颜色，通过 TEXT 属性可设定 HTML 页面中的文字颜色。如<BODY BGCOLOR=BLUE TEXT=RED>……</BODY>，这段代码可以将网页的背景色设为蓝色，文字设为红色。

通过上述 4 种控制标签的组合，我们就可以方便地编写出一个最基本的 HTML 网页程序。打开记事本软件，在其中输出图 9-1 所示内容。

图 9-1

编辑完成后，保存时要注意更改文件的扩展名。HTML 最常用的扩展名是.html，但在早期操作系统中，扩展名最多为 3 个字符，所以.htm 和.html 这两个扩展名，都表示这是一个 HTML 文件。此处我们把文件保存为 First.htm。如图 9-2 所示。

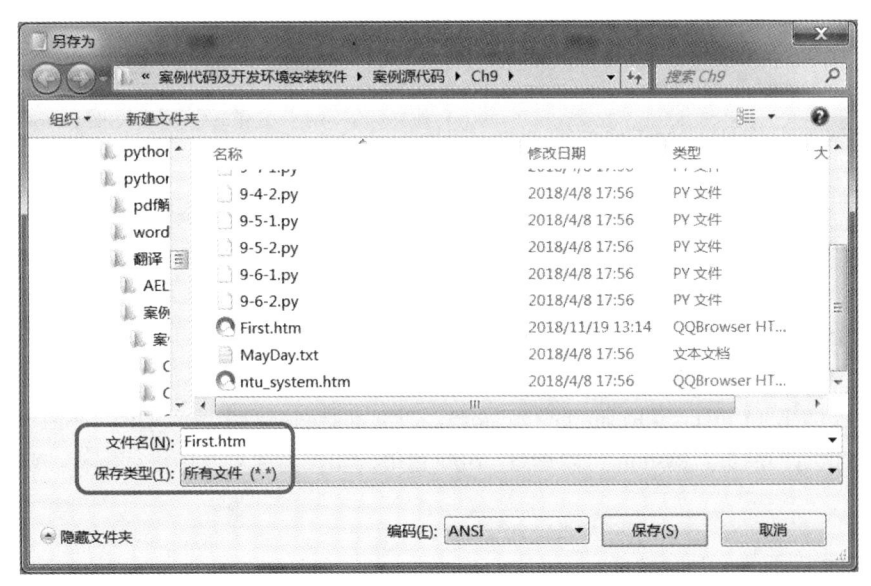

图 9-2

这样，我们就完成了第一个 HTML 文件的编写。双击编辑好的 First.htm 文件，计算机默认会用浏览器打开该文件，结果如图 9-3 所示。

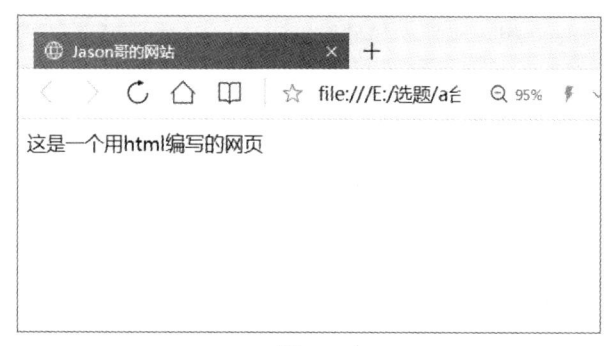

图 9-3

在<BODY>标签中，我们可以使用各种控制标签进行网页制作，常用的控制标签见表 9-1。

表 9-1

标签名	作用

	行控制标签，实现换行功能
<P ALIGN="left"、"center"、"right">	段落控制标签，每对标签表示一段内容；设置 ALIGN 属性值为 left、center 或 right 时，可以将该段内容分别左对齐、中对齐或右对齐
<FONT COLOR="字体颜色" SIZE="数字" FACE="字体名称">…</FONT>	控制网页文字的颜色、大小或字体
<IMG SRC="图片的文件路径" WIDTH="宽度">	独立标签，用于在网页中插入图片。通过设定 WIDTH 属性值，可以改变图片的显示大小
<HR SIZE="数字" WIDTH="长度">	独立标签，用于在网页中插入水平线，其粗细及长短，由对应的属性值来控制
<A HREF="http://www.ntu.edu.tw/">北京大学</A>	用于在网页中插入超链接

9-2 用 urllib 包解析网址及抓取数据

网址又称 URL（Universal Resource Locator），在浏览器网址栏中输入 URL 并回车，就可以登录到该 URL 指定的网页。Python 可以通过 urllib 包中的相关函数对网址进行解析，或对网页数据进行抓取。

9-2-1 网址解析函数 urlparse()

通过 urllib 包中的（位于 parse 模块中）urlparse()函数，可对网址进行解析，其语法如下：

urlparse(网址)

urlparse()函数执行后，会返回一个 ParseResult 对象，该对象属性见表 9-2。

表 9-2

索引值	属性	说明	数据不存在时的返回值
0	scheme	返回该 url 中使用的通讯协议	空字符串
1	netloc	返回 url 中的网址	空字符串
2	path	返回 url 文件在网站中的路径	空字符串
3	params	返回 url 中包含的参数字符串	空字符串
4	query	返回 url 中包含的查询字符串	空字符串
5	fragment	返回该网页的框架名	空字符串
6	port	返回该网页通讯端口	None

程序案例：对万水书苑中的一个网页地址进行解析

参考文件：9-2-1-1.py　　　学习重点：url 地址解析

一、程序设计目的

登录万水书苑网站（www.wsbookshow.com），在其搜索框中输入"毫无障碍学 Python"，则会返回一个搜索结果页面，如图 9-3 所示。

图 9-3

编写一个程序，用 urllib 包的网址解析函数 urlparse()，对上述页面的 url 地址进行解析（该 url 地址可在浏览器的地址栏中直接拷贝读取）。

执行程序所获得结果如图 9-4 所示。

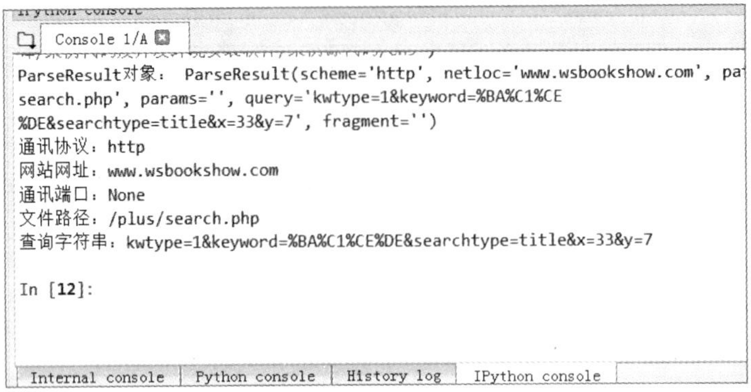

```
IPython console
 Console 1/A
ParseResult 对象： ParseResult(scheme='http', netloc='www.wsbookshow.com', pa
search.php', params='', query='kwtype=1&keyword=%BA%C1%CE
%DE&searchtype=title&x=33&y=7', fragment='')
通讯协议：http
网站网址：www.wsbookshow.com
通讯端口：None
文件路径：/plus/search.php
查询字符串：kwtype=1&keyword=%BA%C1%CE%DE&searchtype=title&x=33&y=7

In [12]:
```

图 9-4

二、参考程序代码

行号	程序代码
1	#解析万水书苑网站中的一个页面的 URL
2	import urllib
3	url="http://www.wsbookshow.com/plus/search.php?kwtype=1&keyword=%BA%C1%CE%DE&searchtype=title&x=33&y=7"
4	P_R=urllib.parse.urlparse(url)
5	print('ParseResult 对象：', P_R)
6	print('通讯协议：%s' %(P_R.scheme))
7	print('网站网址：%s' %(P_R.netloc))
8	print('通讯端口：%s' %(P_R.port))
9	print('文件路径：%s' %(P_R.path))
10	print('查询字符串：%s' %(P_R.query))

三、程序代码说明

- 第 2 行：导入 urllib 包。
- 第 3 行：把需要解析的地址链接赋给变量 url。
- 第 4 行：用 urllib.parse.urlparse()函数取得变量 url 的网址解析结果，并将结果保存到 P_R 对象。
- 第 5 行：输出 P_R 对象的值。
- 第 6 行：输出 P_R 对象的 scheme 属性，此处会输出"http"。
- 第 7 行：输出 P_R 对象的 netloc 属性，此处会输出"www.wsbookshow.com"，也就是万水书苑的网站。
- 第 8 行：输出 P_R 对象的 port 属性，此处会输出"None"，表示无法取得该数据。一般而言，用 http 协议传输的通讯端口为 80，使用 https 协议传输的通讯端口为 443。
- 第 9 行：输出 P_R 对象的 path 属性，此处会输出"/plus/search.php"，表示该 url 指向的

网页文件在网站服务器中的路径。

> 第 10 行：输出 P_R 对象的 query 属性，此处会输出 "kwtype=1&keyword=%BA%C1%CE%DE&searchtype=title&x=33&y=7"，即 url 中与查询相关的信息。

9-2-2 网页数据抓取函数 urlopen()

Python 可以通过 urllib 包中 request 模块下的 urlopen() 函数，对网页数据进行抓取，其语法如下：

urlopen(网址)

urlopen() 函数执行后，会返回一个对象，假设该返回对象的名称为 uo，则 uo 的相关属性见表 9-3。

表 9-3

函数名称	含义	用法示例
read()	以字节的方式读取对象 uo 的内容。如要转成字符串格式，可以通过 decode() 函数来实现	uo.read()
geturl()	取得对象 uo 中的网址	uo.geturl()
getheaders()	取得对象 uo 中的网页标题	uo.getheaders()
status	服务器返回的状态代码，如 200 表示成功获得数据	uo.status

程序案例：下载台湾大学网页信息

参考文件：9-2-2-1.py　　学习重点：网页数据的抓取

一、程序设计目的

编写一个程序，用 urllib 包中的网页抓取函数 urlopen()，抓取万水书苑网站首页（http://www.wsbookshow.com）的所有数据，该网站首页如图 9-5 所示。

图 9-5

本程序会抓取网页的"网址""读取状态""网页标题""网页数据"等信息，抓取下来的网页数据默认为 Byte 格式，其内容如图 9-6 所示。

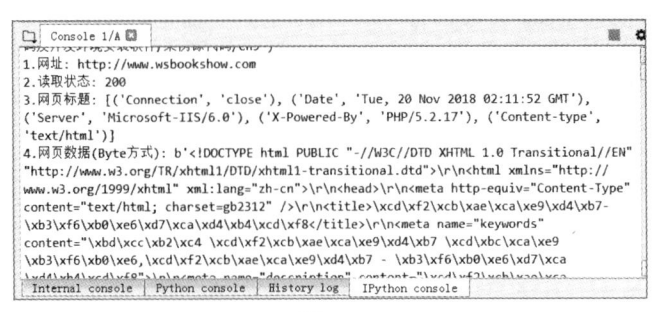

图 9-6

如果将网页的字节数据解码为字符格式，其内容如图 9-7 所示。

图 9-7

二、参考程序代码

行号	程序代码
1	#抓取万水书苑网站首页的所有数据
2	import urllib.request
3	url='http://www.wsbookshow.com'
4	uo=urllib.request.urlopen(url)
5	print('1.网址:',uo.geturl())
6	print('2.读取状态:',uo.status)
7	print('3.网页标题:',uo.getheaders())
8	content=uo.read()
9	print('4.网页数据(Byte 方式):',content)
10	print('5.网页数据(字符串方式):',content.decode("gb2312"))

三、程序代码说明

➢ 第 2 行：导入 urllib.request 包。

> 第 3 行：把万水书苑的网址赋予变量 url。
> 第 4 行：用 urllib.request.urlopen()函数取得变量 url 所指向的网页的内容，并将结果保存到 uo 对象。
> 第 5 行：输出 uo 对象的网址。
> 第 6 行：输出 uo 对象的 status 属性，若输出 200 则表示数据传输成功。
> 第 7 行：用 getheaders()函数取得网页的头部信息。
> 第 8 行：用 read()函数读取 uo 对象（uo 对象保存了网页所有数据），read()函数若不带参数，则默认以字节格式进行读取。
> 第 9 行：以 Byte 方式输出网页数据。
> 第 10 行：使用 decode("gb2312")函数将 Byte 格式的网页数据转换成 gb2312 编码格式的字符。

9-3 用 requests 包抓取网页数据

requests 包是一个第三方包，我们在安装集成开发环境 Anaconda 包时就包含了 requests 包。使用 requests 包的 get()函数，也可以读取网页的数据，其语法如下：

get(网址)

get()函数会对服务器（Server）提出读取网页数据的请求（Request），服务器接到请求后，返回（Response）网页的源码数据。

程序案例：抓取网页源码

参考文件：9-3-1.py　　学习重点：get()函数的使用

一、程序设计目的

用 get()函数读取网页的源码。此处还是以抓取万水书苑网站的首页为例，其网址为 http://www.wsbookshow.com，图 9-8 为该网页的内容。

图 9-8

程序运行后，其返回结果如图 9-9 所示。

图 9-9

二、参考程序代码

行号	程序代码
1	#抓取网页源码
2	import requests
3	url='http://www.wsbookshow.com/'
4	html_body=requests.get(url)
5	html_body.encoding='gb2312'
6	print(html_body.text)

三、程序代码说明

- 第 2 行：导入 requests 包。
- 第 3 行：将万水书苑首页的 URL 赋予变量 url。
- 第 4 行：用 requests 包中的 get()函数取得网页源码。
- 第 5 行：设定网页编码格式为 gb2312。
- 第 6 行：输出该网页的源码。

程序案例：搜索网页中的指定字符串

参考文件：9-3-2.py　　　　学习重点：搜索网页中的指定字符串

一、程序设计目的

编写一个 Python 程序，让用户先输入一个网页地址，再输入要在该网页中搜索的字符串。此处以在万水书苑网站首页 http://www.wsbookshow.com 中搜索字符串"大数据"为例，其执行结果如图 9-10 所示。

图 9-10

二、参考程序代码

行号	程序代码
1	#从网页中搜索指定字符串
2	import requests
3	url=input('请输入目标网址:')
4	html_body=requests.get(url)
5	html_body.encoding='gb2312'
6	htmllist=html_body.text.splitlines()
7	n=0
8	keyword=input('请输入您要搜索的字符串:')
9	for row in htmllist:
10	if keyword in row:
11	n+=1
12	print('"%s"字符串在网页中找到%s 条!' %(keyword,n))

三、程序代码说明

- 第 2 行：导入 requests 包。
- 第 3 行：输入要搜索的目标网址，并保存至变量 url。
- 第 4 行：用 requests 包中的 get()函数读取网页的源码。
- 第 5 行：以 gb2312 编码格式对网页进行解码。
- 第 6 行：用 splitlines()函数，删除换行符同时将网页源码转换为列表（每一行作为列表的一个元素）。
- 第 7 行：整形变量 n，用于保存字符串数量，初始化为 0。
- 第 8 行：输入要搜索的字符串，并保存至变量 keyword 中。
- 第 9~11 行：在 htmllist 中逐行搜索 keyword 字符串，找到一个就把变量 n 加 1。
- 第 12 行：输出该字符串在网页中出现的次数。

9-4 用 BeautifulSoup 包对网页进行解析

BeautifulSoup 包也是一个第三方包，我们在安装集成开发环境 Anaconda 包时，已经包含了 BeautifulSoup 包的安装。

BeautifulSoup 包与 requests 包可以结合使用，用 requests 包读取网页的源码，然后在 BeautifulSoup 包中用 html.parser 对源码进行解析。声名一个变量 bs，用于保存 BeautifulSoup() 函数的返回值（即网页的解析结果），其语法如下：

```
bs=BeautifulSoup (源码, 'html.parser')
```

当前 BeautifulSoup 包的最新版本为 4，简称 bs4。导入 BeautifulSoup 包的语法如下：

```
from bs4 import BeautifulSoup
```

BeautifulSoup 类常用的属性或函数见表 9-4（假设 BeautifulSoup 类的一个对象名称为 bs）。

表 9-4

属性或函数	说明	示例
title	返回网页的标题	bs.title
text	返回网页去掉 html 标签后的内容	bs.text
find('标签')	返回第一个符合条件的 html 标签，其返回值为字符串，如找不到则返回 None	bs.find('a')
find_all('标签')	返回所有符合条件的 html 标签，其返回值为字符串，如找不到则返回 None	bs.find_all('a')
select()	返回 CSS 选择器指定的内容。如果是按 id 搜索，id 名前要加 "#"，如果是按类名搜索，则类名前要加上 "."。其返回值为列表，如找不到则返回空列表	bs.select('#id 名称') bs.select('.class 名称') bs.select('标签')

find() 函数与 find_all() 函数，如果结合属性名与属性值键值对，可返回包含指定属性的标签数据，其语法如下：

```
find('标签',{ '属性名称': '属性内容'})
```

程序案例：用 BeautifulSoup 进行网页解析

参考文件：9-4-1.py　　学习重点：指定字符串的搜索

一、程序设计目的

用记事本制作一个 html 网页文件，保存文件名为 news_system.htm。该文件中需包含标题、超链接、class 与 id 等元素，本网页源码如图 9-11 所示。

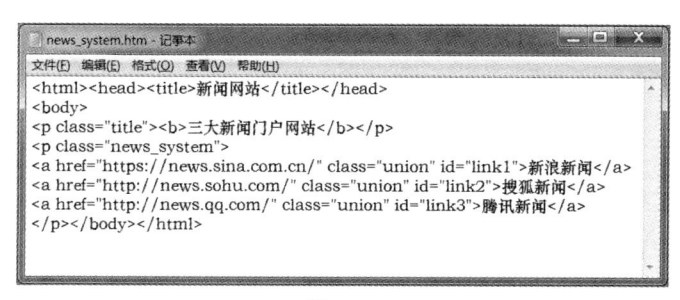

图 9-11

用浏览器打开该文件时，其效果如图 9-12 所示。

图 9-12

将该网页的源码拷至 Python 程序中，通过 BeautifulSoup 包的属性、find()函数、find_all()函数或 select()函数，抓取如图 9-13 所示内容。

图 9-13

二、参考程序代码

行号	程序代码
1	#用 BeautifulSoup 包解析网页

```
2   from bs4 import BeautifulSoup
3   html_text="""
4   <html><head><title>新闻网站</title></head>
5   <body>
6   <p class="title"><b>三大新闻门户网站</b></p>
7   <p class="news_system">
8   <a href="https://news.sina.com.cn/" class="union" id="link1">新浪新闻</a>
9   <a href="http://news.sohu.com/" class="union" id="link2">搜狐新闻</a>
10  <a href="http://news.qq.com/" class="union" id="link3">腾讯新闻</a>
11  </p></body></html>
12  """
13  bs = BeautifulSoup(html_text,'html.parser')
14  print('1：',bs.title) #输出<title>标签的内容
15  print('2：',bs.find('a')) #输出第1个<a>标签的内容
16  print('3：',bs.find('b')) #输出第1个<b>标签的内容
17  print('4：',bs.find_all('a',{"class":"union"}))#输出所有 class 属性值为 union 的<a>标签内容
18  print('5：',bs.find("a",{"id":"link2"}))#输出第一个 id 值为 link2 的<a>标签内容
19  print('6：',bs.find("a",{"href":"http://news.sohu.com/"}))
20  web=bs.find("a", {"id":"link1"})
21  print('7：',web.get("href")) #使用 get 读取网址
22  data = bs.select(".union") #select 会返回一个列表
23  print('8：',data[0].text) #输出列表的第一个元素
24  print('9：',data[1].text)
25  print('10：',bs.select("#link3"))#输出所有 id 值为 link3 的标签
```

三、程序代码说明

- 第 2 行：从 bs4 中导入 BeautifulSoup 包。
- 第 3～12 行：news_system.htm 文件的源码。把这些源码保存到变量 html_text 中。
- 第 13 行：用 html.parser 解析 html_text，并把解析结果保存到对象 bs 中。
- 第 14 行：通过 bs 的 title 属性读取<title>标签的内容。
- 第 15 行：通过 bs 的 find()方法，读取 bs 中第一个<a>标签。
- 第 16 行：通过 bs 的 find()方法，读取 bs 中的第一个<b>标签。
- 第 17 行：通过 bs 的 find_all()方法，读取 bs 中所有 class 名为 union 的<a>标签。
- 第 18 行：通过 bs 的 find()方法，读取 bs 中第一个 id 名为 link2 的<a>标签。
- 第 19 行：通过 bs 的 find()方法，读取 bs 中第一个 href 属性值为 http://news.sohu.com/的<a>标签。
- 第 20、21 行：读取 id 名为 link1 的<a>标签，并用 get()方法取出其中的 href 的值（即网址）。
- 第 22~24 行：用 select()方法读取所有 class 名为 union 的标签（注意类名前要加"."），返回值为由所有符合条件的标签组成列表，data[0]表示列表中的第 1 个元素，data[0].text 表

示这个标签元素的值。
- 第 25 行：使用 select()函数读取所有 id 名 link3 的标签，返回值为一个标签列表。

TIPs 外部网页的解析

如果要解析的网页位于一个真实的网站，比如万水书苑网站的首页（http://www.wsbookshow.com），那么可以通过下列代码读取其源码：

```
import requests
url='http://www.wsbookshow.com'
html=requests.get(url)
html.encoding='gb2312'
```

程序案例：从网上抓取大乐透开奖号码

参考文件：9-4-2.py   学习重点：网络爬虫的应用

一、程序设计目的

打开台湾彩票网站首页 http://www.taiwanlottery.com.tw/，首先观察该网页中"大乐透"中奖号码结果，如图 9-14 所示。

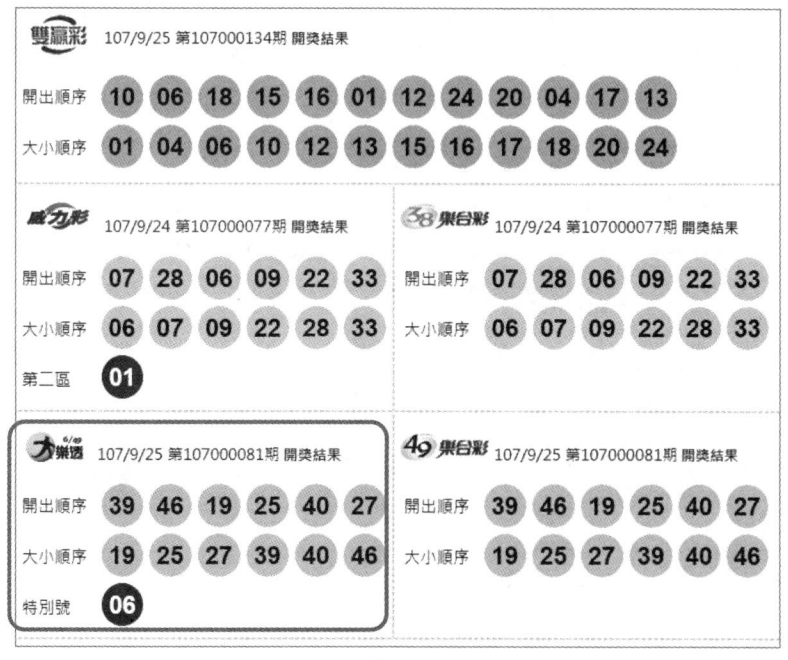

图 9-14

在该网页上，单击鼠标右键，单击"查看源文件"，打开该网页的源码，可以发现与图 9-14 所圈注的中奖数据，位于第 3 个 class 名为 contents_box02 的<div>标签中，如图 9-15 所示。

图 9-15

编写一个程序，从该网页中抓取大乐透的黄球数据并输出，然后输出开奖的号码顺序，再把该号码从小到大进行排序，最后输出特别号（红球）的号码，其运行结果如图 9-16 所示。

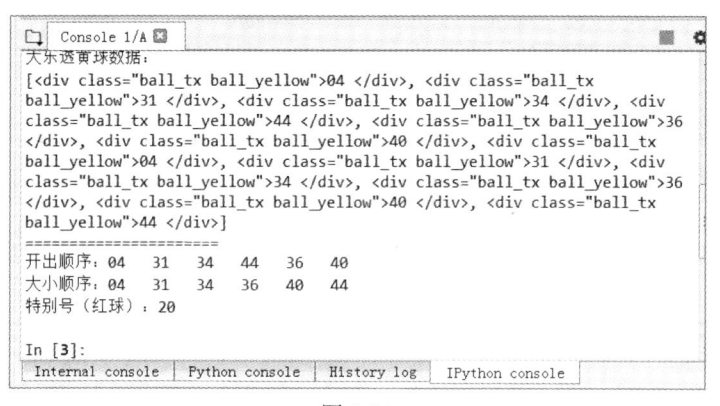

图 9-16

二、参考程序代码

行号	程序代码
1	#抓取大乐透开奖号码
2	import requests

```
3     from bs4 import BeautifulSoup
4     url = 'http://www.taiwanlottery.com.tw/'
5     html = requests.get(url)
6     bs = BeautifulSoup(html.text, 'html.parser')
7     data1 = bs.select(".contents_box02") #取出所有 class 名为 contents_box02 的标签数据
8     data2 = data1[2].find_all('div', {'class':'ball_tx'})#取出列表中第 3 个元素（黄球数据）
9     print('大乐透黄球数据：')
10    print(data2)
11    print('=====================')
12    #大乐透号码
13    print("开出顺序：",end="")
14    for n in range(0,6):
15        print(data2[n].text,end="   ")    #用.text 属性取出标签所包含的数据
16    print("\n 大小顺序：",end="")
17    for n in range(6,len(data2)):
18        print(data2[n].text,end="   ")
19    #特别号
20    red=data1[2].find('div', {'class':'ball_red'})#抓取第 3 个区块中的红球数据
21    print("\n 特别号（红球）：%s" %(red.text))
```

三、程序代码说明

- 第 2 行：导入 requests 包。
- 第 3 行：从 bs4 导入 BeautifulSoup 包。
- 第 4 行：把彩票网站的地址 http://www.taiwanlottery.com.tw/保存到变量 url 中。
- 第 5 行：用 requests 包中的 get()函数取得网页源码内容。
- 第 6 行：把源码 html.text 解析为 BeautifulSoup 类型的对象。
- 第 7 行：用 select()函数取出所有 class 名为 contents_box02 的标签并保存至列表变量 data1 中。比如，data1[0]表示 data1 列表中第 1 个元素，即第 1 个 class 名为 contents_box02 的标签，data1[0].text 则表示这个标签元素中所包含的内容。
- 第 8 行：用 find_all()函数，取出 data1[2]元素（标签）中所有 class 名为 ball_tx 的 div 标签（即所有包含黄球数据的标签），并将这些标签保存到列表变量 data2 中。
- 第 9、10 行：输出 data2，以观察 data2 的内容。
- 第 14、15 行：使用 for 循环输出 data2 前 6 个标签中的数据(第 1 行黄球数据)。
- 第 17、18 行：使用 for 循环输出 data2 后 6 个标签中的数据（第 2 行黄球数据）。
- 第 20 行：使用 find()函数，从 data1 的第 3 个元素中（data[2]），取出第 1 个 class 名为 ball_red 的<div>标签，也就是包含红球数据的标签，并将其存入变量 red 中。
- 第 21 行：输出红球数据（red.text）。

9-5 异常处理

天下没有完美的事情，计算机程序也一样。我们自己在编写程序时，可能会犯逻辑或语法错误，导致程序输出错误，用户在使用程序时，也可能会有操作或输入错误。

有些错误可能只会导致程序输出错误结果，有些错误却可能会导致整个程序执行异常而停止运行，Python 的异常处理语法结构如下：

```
try:
    尝试执行的代码块
except 异常类型 1 as 变量名 1:
    异常发生时执行的代码块 1
……
except 异常类型 n as 变量名 n:
    异常发生时执行的代码块 n
else:
    若 try 部分的程序没产生异常，则会执行此代码块
finally:
    不管有没有异常发生，都会执行的代码块
```

其中的 except 代码块至少要有一个，可以有多个，异常类型及变量名则是根据设计的需求而定，是可选项。最后的 else 部分与 finally 部分也是可选项。

表 9-5 为 Python 可以指定的常见异常类型与说明。

表 9-5

异常类型	说明
ZeroDivisionError	除数为 0 时产生的异常
ValueError	数据类型异常
KeyboardInterrupt	中断指令异常
EOFError	End Of File 异常（文件结束异常）
FileNotFoundError	文件或文件夹找不到时所引发的异常

程序案例：除法的基本异常处理程序

参考文件：9-5-1.py　　　　学习重点：基本异常的应用

一、程序设计目的

编写一个两数相除的程序，让用户先输入被除数 A，再输入除数 B，程序输出计算结果，图 9-17 为 5/3 的计算结果。

Chapter 9　网络服务与数据抓取及分析

图 9-17

如果输入的被除数为 5，除数为 0，程序会输出"发生错误！"提示信息，其结果如图 9-18 所示。

图 9-18

二、参考程序代码

行号	程序代码
1	#除法的基本异常处理程序
2	try:
3	print('＊＊＊本程序实现 A 除以 B 的除法计算＊＊＊',end='')
4	A=int(input('请输入被除数 A：'))
5	B=int(input('请输入除数 B：'))
6	print("计算结果：",A/B)
7	except:
8	print("发生错误！")

三、程序代码说明

> 第 2~6 行："try"代码块，用 input()函数输入两个数并计算商。
> 第 7、8 行："except"代码块，当有异常发生时会执行此代码块。

程序案例：除法的高级异常处理程序

参考文件：9-5-2.py　　　　学习重点：高级异常的应用

一、程序设计目的

编写一个两数相除的除法程序,用户先输入被除数 A,再输入除数 B,接着输出除法运算的结果,本程序可以向用户输出更加详细的提示信息。图 9-19 为 5/3 的计算结果。

图 9-19

若用户输入的被除数为 5,除数为 0,程序会跳至 ZeroDivisionError 代码块并返回错误的原因为"division by zero",其结果如图 9-20 所示。

图 9-20

若用户输入的被除数为 XYZ,由于输入的数据类型与要接收数据的变量的数据类型不同,程序会跳转至 ValueError 代码块,并返回如图 9-21 所示的错误提示。

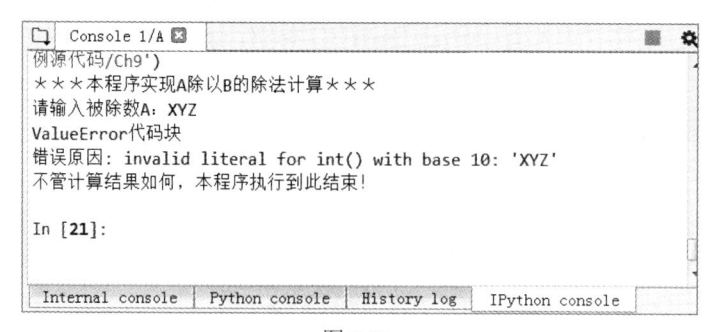

图 9-21

二、参考程序代码

行号	程序代码
1	#除法的高级异常处理程序
2	try:
3	print('＊＊＊本程序实现 A 除以 B 的除法计算＊＊＊',end='')
4	A=int(input('请输入被除数 A：'))
5	B=int(input('请输入除数 B：'))
6	print(A/B)
7	except ZeroDivisionError as z:
8	print("跳至 ZeroDivisionError 代码块")
9	print("错误原因:",z)
10	except ValueError as v:
11	print("ValueError 代码块")
12	print("错误原因:",v)
13	else:
14	print('程序没有发生除以 0 或数据类型错误！')
15	finally:
16	print('不管计算结果如何，本程序执行到此结束！')

三、程序代码说明

- 第 2～6 行：try 代码块。用 input()函数输入两数，并计算结果。
- 第 7～9 行：ZeroDivisionError 异常处理代码块。当除数为 0 时会执行此代码块。
- 第 10～12 行：ValueError 异常处理区块，当数据型态有错误时，会执行此代码块。
- 第 13、14 行：当程序没有发生除以 0 或数据类型错误时，会执行此代码块。
- 第 15、16 行：finally 代码块，不管有无异常都会执行此代码块。

9-6 程序练习

练习题 1：文本文件输出与异常控制程序

参考文件：9-6-1.py、MayDay.txt　　学习重点：文件读取与异常控制的应用

一、程序设计目的

编写一个 Python 程序，让用户输入一个文本文件名称后，读取该文件的内容并显示。我们新建一个文件，内容如图 9-22 所示。

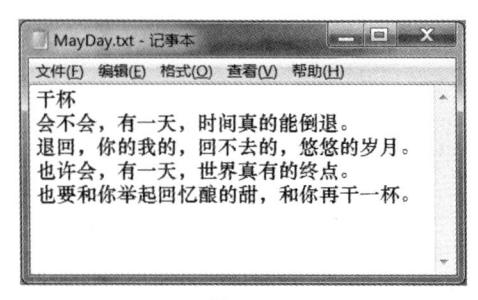

图 9-22

执行程序，输入文件名（MayDay.txt），会输出五月天的《干杯》歌词，如图 9-23 所示。

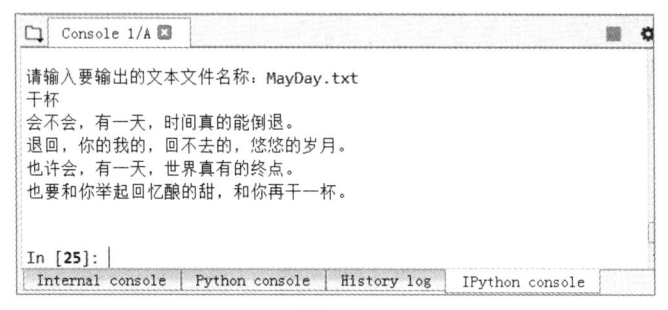

图 9-23

如果输入的文件名不正确，则程序会输出错误提示相关信息，直到文件名输入正确为止，如图 9-24 所示。

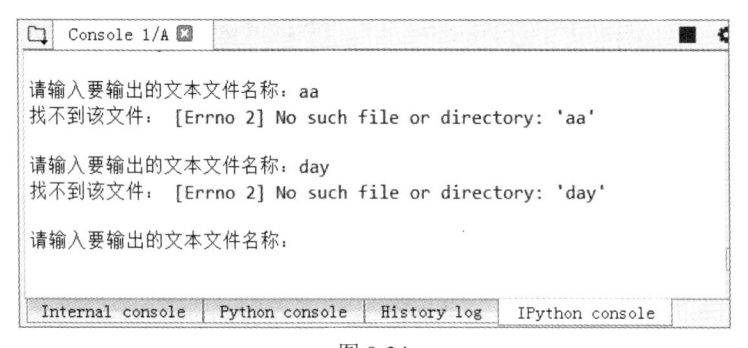

图 9-24

二、参考程序代码

行号	程序代码
1	#文本文件输出及异常控制
2	while True:
3	try:

4	fileName=input('请输入要输出的文本文件名称：')
5	file_Obj=open(fileName,'r')
6	break
7	except FileNotFoundError as F:
8	print('找不到该文件：', F)
9	content=file_Obj.read() #读取文件
10	print(content) #输出文本内容
11	file_Obj.close() #关闭文件

三、程序代码说明

- 第 2~8 行：while 循环。当文件名正确时，读取该文件内容并输出，然后跳出（break）循环；文件名不正确时，则输出提示信息，直到文件名输入正确。
- 第 9 行：使用 read()函数读取文件。
- 第 10 行：使用 print()函数输出文件。
- 第 11 行：使用 close()函数关闭文件。

练习题 2：抓取网页图片程序

参考文件：9-6-2.py   学习重点：网页图片抓取的方法

一、程序设计目的

编写一个 Python 程序，自动抓取"新浪图片"网页中的图片，该网页的 URL 地址为 http://photo.sina.com.cn/，其网站如图 9-25 所示。

图 9-25

执行程序，会自动抓取该网页源码中所有的<img>标签数据，保存到指定目录下，并且会输出文件下载是否完成的提示信息，如图 9-26 所示。

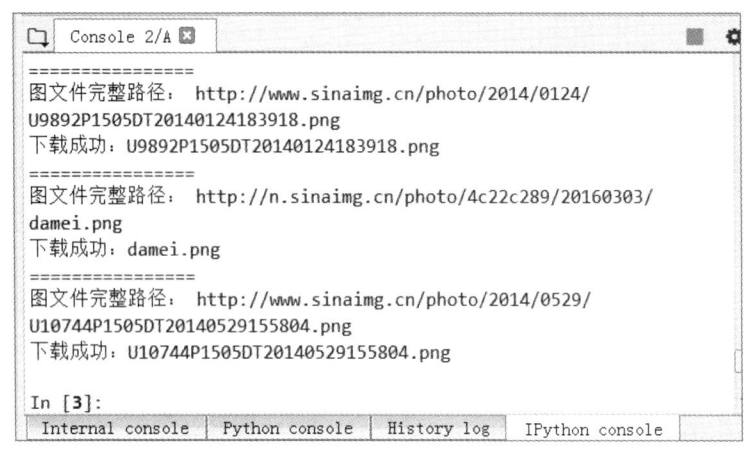

图 9-26

程序会自动在文件 9-6-2.py 所在的目录下创建名为 pics 的文件夹，并将从网页所抓取下来的图片文件保存到其中，其下载结果如图 9-27 所示。

图 9-27

二、参考程序代码

行号	程序代码
1	#网页图片抓取程序
2	import requests,os,urllib

```
3    from bs4 import BeautifulSoup
4    url='http://photo.sina.com.cn/'
5    html=requests.get(url)
6    html.encoding="utf-8"
7    bs=BeautifulSoup(html.text,'html.parser')
8    pics_dir="pics"
9    if not os.path.exists(pics_dir):
10       os.mkdir(pics_dir) #在工作目录下建立名为 pics 文件夹，用于保存图片
11   all_links=bs.find_all('img') #用列表取得所有<img>标签的内容
12   for link in all_links:
13       src=link.get('src') #读取<img>标签中 src 属性的值（即文件链接地址）
14       attrs=[src] #将 src 转换成列表类型
15       for attr in attrs:
16           if attr!=None and ('.jpg'in attr or'.png'in attr):#若 attr 非空且包含".jpg"或".png"字符串
17               full_path = attr #则把此链接（attr）取出，保存到变量 full_path
18               file_n=full_path.split('/')[-1] #分割链接，取图片文件名（分割函数返回值最后一个元素）
19               print('================')
20               print('图文件完整路径：',full_path)
21               try:   #保存图片的代码块
22                   image = urllib.request.urlopen(full_path)   #抓取图片文件数据
23                   f = open(os.path.join(pics_dir,file_n),'wb') #利用 open()函数的 wb 模式，创建文件
24                   f.write(image.read())          #读取 image 数据并保存
25                   print('下载成功：%s' %(file_n))
26                   f.close()
27               except: #无法保存图片的代码块
28                   print("无法下载：%s" %(file_n))
```

三、程序代码说明

- 第 2、3 行：导入所需的包 requests、os、urllib、BeautifulSoup。
- 第 4 行：设置网站的网址，并保存至变量 url。
- 第 8～10 行：设置存放图片文件的文件夹，如果工作目录下不存在名为 pics 的文件夹，则进行创建。
- 第 11 行：使用 find_all()函数取得所有<img>标签内容。
- 第 12～14 行：使用 for 循环对每一个<img>标签做处理，读取其中 src 属性的值（即图片的链接地址），将 src 转换为列表类型后，保存到列表变量 attrs 中。
- 第 15～18 行：对列表变量 attrs 中的每一个元素进行处理。如果该元素非空(表示链接存在)且包含.jpg 或.png 字符串（即包含.jpg 或.png 文件），则把该链接保存至临时变量 full_path 中。以"/"作为分割参数，把 full_path 进行分割，分割的结果是个列表，列表中最后一个元素(下标为-1)即为图片文件的文件名。取出文件名并保存到变量 file_n 中。

> 第 21~26 行：利用 wb 模式下 urlopen()函数的"不存在就创建"功能，在 pics 中创建与图片文件同名的文件。读取网络上抓取的图片文件数据，并把读取的数据写入到新创建的同名文件中。然后输出提示信息，最后关闭文件。
> 第 27、28 行：当文件下载失败时，执行异常处理代码块，输出相关的提示信息。

习题

选择题

（　）1. 在 urlparse()函数的返回值中，哪个属性表示网站的网址？
　　A．scheme　　　　B．netloc　　　　C．path　　　　D．params

（　）2. urlopen()函数返回值中，表示访问成功的服务器返回状态代码是什么？
　　A．100　　　　　B．200　　　　　C．404　　　　　D．503

（　）3. BeautifulSoup 包中的 select()函数，要设置 CSS 选择器的 id 时，需要在 id 名称前加哪个符号？
　　A．,　　　　　　B．.　　　　　　C．/　　　　　　D．#

（　）4. 在 Python 的异常处理的语法结构中，哪个代码块只要存在就一定会被执行？
　　A．except 代码块　　　　　　　B．else 代码块
　　C．finally 代码块　　　　　　　D．以上都不是

（　）5. Python 中发生数据类型错误时，抛出哪个异常？
　　A．ZeroDivisionError　　　　　B．ValueError
　　C．KeyboardInterrupt　　　　　D．EOFError

（　）6. 执行下列程序代码会生成什么异常？
```
move=0
total=10
if move == 0:
    Value = total / move
```
　　A．KeyboardInterrupt　　　　　B．EOFError
　　C．ValueError　　　　　　　　D．ZeroDivisionError

（　）7. 关于 Python 的异常处理，下列说法哪个是错误的？
　　A．except 代码块至少要有一个
　　B．异常名为可选项
　　C．else 部分与 finally 部分也是可选项
　　D．可以有一个或多个 finally

10 图形用户界面

图形用户界面（Graphical User Interface，GUI），又称图形用户界面，是指采用图形方式显示的计算机操作的用户界面。Python 可以通过相关的图形界面开发包来开发图形用户界面。

10-1　tkinter 包

在 Python 进行窗口程序设计时，常常会用到 tkinter 包（标准 GUI 库）。此包是一个跨平台的 GUI 包，能够在 Windows、Mac、Linux 等平台开发 GUI 程序。安装 Python 时，同时包含了 tkinter 包的安装，使用该包时需先导入该包，其导入语法为：

```
import tkinter
```

要在 Python 程序中创建一个窗口非常简单，只要 3 行代码就可以完成。其窗口主体框架如下：

📄 参考文件：10-1-1.py

```
#窗口主体框架
import tkinter #导入 tkinter 包
window = tkinter.Tk() #调用 Tk()方法创建窗口，T 大写，k 小写
window.mainloop() #调用 mainloop()方法打开窗口
```

导入 tkinter 包后，用 tkinter 对象的 Tk()方法创建窗口，并将创建的窗口指定给窗口名称变量 window，最后用 mainloop()方法打开所创建的窗口，执行结果如图 10-1 所示。

图 10-1

创建窗口时常用的方法有两个，一个是用于设置窗口标题的 title()方法，窗口标题的默认值为"tk"。假设窗口名称为 window，其设置标题的语法如下：

window.title('标题名')

另一个是用于设置窗口大小的 geometry()方法，其设置窗口宽度与高度语法如下：

window.geometry('宽度 x 高度')

程序案例：创建 500x300 的窗口

参考文件：10-1-2.py　　　　学习重点：tkinter 包的使用

一、程序设计目的

运用 tkinter 包创建一个 500×300 的窗口，并且将窗口标题设为"我的 GUI 窗口"，其结果如图 10-2 所示。

图 10-2

二、参考程序代码

行号	程序代码
1	#创建一个 500×300 的窗口
2	import tkinter #导入 tkinter 包
3	window = tkinter.Tk() #使用 Tk()方法创建窗口，T 大写，k 小写
4	window.title('我的 GUI 窗口')
5	window.geometry('500×300')
6	window.mainloop() #通过 mainloop()方法打开窗口

三、程序代码说明

➢ 第 2 行：导入 tkinter 包。

- 第 3 行：使用 Tk()方法创建窗口，并指定给窗口名称变量 window。
- 第 4 行：设置窗口标题文字为"我的 GUI 窗口"。
- 第 5 行：设置窗口大小为宽 500 像素、高 300 像素。
- 第 6 行：使用 mainloop()方法打开窗口。

10-2 tkinter 对象的基本方法

tkinter 对象除了 Tk()方法外，还有许多用其他方法，如 Label()、Button()、Text()等。

10-2-1 标签（Label）

标签本身是一个用来显示信息的组件，它常用来提示用户该如何使用这个方法，标签与文本框都能够显示文字信息，但是用户无法在标签内输入，而文本框可以。

创建标签的语法如下：

```
tkinter.Label(容器对象[,参数名 1=值, 参数名 2=值, …])
```

- 容器对象：是指标签要置于哪个对象之上。
- 参数名：对标签的相关的参数进行设置，常见的标签参数见表 10-1。

表 10-1

参数名	说明
text	标签文字
width	标签宽度
height	标签高度
background	标签的背景颜色，简称 bg
foreground	标签的文字颜色，简称 fg
padx	标签文字与标签边缘的水平间距
pady	标签文字与标签边缘的垂直间距
justify	对齐方式。有靠左（Left）、居中（Center）、靠右（Right）
font	标签文字的字体与大小，例如：font=('新细明体',14)

用 pack()函数可以设置标签在容器对象（窗口）中的排列位置。该函数包含一个参数 side。side 有 4 个取值，分别为 top、left、right、bottom，其默认值是 top(从顶部开始，由上而下)。pack()函数的使用语法如下：

```
pack(side='参数')
```

程序案例：调整标签参数

参考文件：10-2-1-1.py　　学习重点：标签参数的设置

一、程序设计目的

用 tkinter 包创建一个 250×100 的窗口，窗口的标题文字为"标签参数设定"，窗口中包含一个标签，标签的背景色是蓝色，字体为"新细明体"，文字的大小为 14point，标签文字与容器对象的水平间距为 40，垂直间距为 20，运行结果如图 10-3 所示。

图 10-3

二、参考程序代码

行号	程序代码
1	#调整标签参数
2	from tkinter import *
3	win = Tk()
4	win.title('标签参数设置')
5	win.geometry('250×100')
6	label=Label(win,text='标签',bg='blue',fg='white' ,font=('新细明体',14),padx=40,pady=20)
7	label.pack()
8	win.mainloop()

三、程序代码说明

- ➢ 第 2 行：导入 tkinter 包。
- ➢ 第 3 行：使用 Tk()方法创建窗口，并指定给窗口名称变量 win。
- ➢ 第 4 行：设置窗口标题文字为"标签参数设置"字符串。
- ➢ 第 5 行：设置窗口大小为宽 250 像素、高 100 像素。
- ➢ 第 6 行：设置标签的背景颜色、文字颜色、字体、字号、文字至标签边缘的水平间距（padx）与垂直间距（pady）。
- ➢ 第 7 行：用 pack()函数的默认参数值（'side=top'）设置标签从窗口顶部开始，由上而下进行排列。
- ➢ 第 8 行：使用 mainloop()方法打开窗口。

程序案例：调整标签排列

参考文件：10-2-1-2.py　　　学习重点：pack()的设置

一、程序设计目的

运用 tkinter 包创建一个 250×100 的窗口，窗口的标题文字为"标签排列"，窗口中有 4 个标签，标签的背景颜色分别为黄、蓝、红、绿，要求标签在窗口中的排列位置分别为 top、left、right、bottom，如图 10-4 所示。

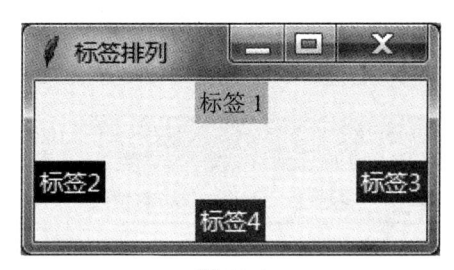

图 10-4

二、参考程序代码

行号	程序代码
1	#标签在窗口中的排列方式
2	import tkinter
3	win = tkinter.Tk()
4	win.title('标签排列')
5	win.geometry('250x100')
6	label1=tkinter.Label(win,text="标签 1", bg="yellow",fg='white')
7	label2=tkinter.Label(win,text="标签 2", bg="blue",fg='white')
8	label3=tkinter.Label(win,text="标签 3", bg="red",fg='white')
9	label4=tkinter.Label(win,text="标签 4", bg="green",fg='white')
10	label1.pack(side='top')
11	label2.pack(side='left')
12	label3.pack(side='right')
13	label4.pack(side='bottom')
14	win.mainloop()

三、程序代码说明

> 第 2 行：导入 tkinter 包。
> 第 3 行：使用 Tk()方法创建窗口，并指定给窗口名称变量 win。
> 第 4 行：设置窗口标题文字为"标签排列"。
> 第 5 行：设置窗口大小为宽度 250 像素，高度 100 像素。
> 第 6~9 行：设置 4 个标签的参数，包括标签文字、背景色、前景色。
> 第 10~13 行：用 pack()函数分别为这 4 个标签在窗口中的排列位置。

➢ 第 14 行：使用 mainloop()方法打开窗口。

> **TIPs 表格排列 grid()函数**
> 设置标签在窗口中的排列，除了用 pack()函数实现，还可用 grid()函数来实现。grid()函数通过行列的方式来设置标签在窗口中的排列。行列值的最大值为标签的总数量，行列值如果超过标签的总数量，则以标签总数量为准。grid()函数的语法如下：
> grid(row=位置值,column=位置值)

程序案例：用 grid()方法设置标签的排列

📄 参考文件：10-2-1-3.py   ✏️ 学习重点：grid()方法的使用

一、程序设计目的

用 tkinter 包创建一个 250×100 的窗口，窗口的标题文字为"标签 grid 排列"，窗口中有 4 个标签，标签的背景颜色分别为黄、蓝、红与绿，排列的位置分别为(0,0)、(1,1)、(2,2)与(3,2)，结果如图 10-5 所示。

图 10-5

二、参考程序代码

行号	程序代码
1	#用行列表设置标签的排列
2	import tkinter
3	win = tkinter.Tk()
4	win.title('标签 grid 排列')
5	label1=tkinter.Label(win,text="标签 row=0,column=0", bg="yellow")
6	label2=tkinter.Label(win,text="标签 row=1,column=1", bg="blue")
7	label3=tkinter.Label(win,text="标签 row=2,column=2", bg="red")
8	label4=tkinter.Label(win,text="标签 row=3,column=2", bg="green")
9	label1.grid(row=0,column=0)
10	label2.grid(row=1,column=1)
11	label3.grid(row=2,column=2)
12	label4.grid(row=3,column=2)
13	win.mainloop()

三、程序代码说明

> 第 2 行：导入 tkinter 包。
> 第 3 行：使用 Tk()方法创建窗口，并指定给窗口名称变量 win。
> 第 4 行：设置窗口标题文字为"标签 grid 排列"。
> 第 5~8 行：分别设置 4 个标签的属性参数。
> 第 9~12 行：用 grid()函数分别设置 4 个标签的排列位置。此例中，由于标签总数为 4，所以，行与列的最大取值都是 3（行列值均从 0 开始），如果在程序中行与列的取值超过 3，则按 3 来对待。
> 第 13 行：打开窗口。

10-2-2 按钮（Button）

按钮可以说是很多应用软件中的必备控件。很多应用程序中都会通过按钮控件来触发各种事件过程。

在 Python 中，我们可以通过 tkinter 包中的 Button()方法来创建按钮，语法如下：

tkinter.Button(容器对象[,参数 1=值, 参数 2=值, …])

> 容器对象：是指按钮处于哪个对象之上。
> 属性参数：与按钮属性相关的设置，常见的按钮属性参数见表 10-2。

表 10-2

属性参数	说明
text	按钮上显示的文字
width	按钮的宽度
height	按钮的高度
background	按钮的背景颜色，简称 bg
foreground	按钮的文字颜色，简称 fg
padx	按钮文字与按钮边缘的水平间距
pady	按钮文字与按钮边缘的垂直间距
justify	对齐方式。有居左（Left）、居中（Center）、居右（Right）
font	按钮文字的字体与大小，例如：font=('新细明体',14)
command	当用户单击按钮时，使用 command 所指定的函数
textvariable	按钮文字变量，可用于设置或取得按钮的文字内容
underline	为按钮文字加下划线，默认值为-1，代表全部不加底线，0 表示第 1 个字符，1 表示第 2 个字符，2 表示第 3 个字符，依此类推

程序案例：HelloPython 窗口程序	
参考文件：10-2-2-1.py	学习重点：按钮控件的使用

一、程序设计目的

用 tkinter 创建一个包含按钮的窗口，按钮的文字为"Hello 按钮"，单击按钮后，窗口会在按钮下方显示"Hello, Python!"，如图 10-6 所示。

图 10-6

二、参考程序代码

行号	程序代码
1	#HelloPython 按钮程序
2	import tkinter
3	def HelloMsg():
4	label["text"] = "Hello, Python!"
5	win=tkinter.Tk()
6	btn=tkinter.Button(win, text="Hello 按钮", command=HelloMsg)
7	label=tkinter.Label(win)
8	btn.pack()
9	label.pack()
10	win.mainloop()

三、程序代码说明

- 第 2 行：导入 tkinter 包。
- 第 3、4 行：定义一个 HelloMsg()函数，作为按钮返回函数。在函数内对标签的 text 的属性值进行设置。
- 第 5 行：使用 Tk()方法创建窗口，并指定给窗口名称变量 win。
- 第 6 行：使用 Button()函数在 win 窗口上创建按钮，设置按钮的文字为"Hello 按钮"。用 command 参数设计单击按钮时所要执行的操作，即调用 HelloMsg()函数。
- 第 7 行：使用 Label()函数在 win 窗口上创建一个标签。
- 第 8、9 行：按钮与标签的排列位置为默认方式 top，即由上到下排列。
- 第 10 行：使用 mainloop()方法打开窗口。

10-2-3 用 Entry()方法创建输入框

通过输入框控件,可以让用户输入数据。输入框控件是一个非常常用的控件,其创建语法如下:

tkinter.Entry(容器对象[,参数 1=值, 参数 2=值, …])

- ➢ 容器对象:指输入框所位于的对象。
- ➢ 属性参数:设置输入框的相关属性,常见的输入框属数参数见表 10-3。

表 10-3

属性参数	说明
text	输入框的文字
width	输入框宽度
background	输入框的背景颜色,简称 bg
foreground	输入框的文字颜色,简称 fg
state	输入框的输入状态,默认值是 normal;如为 disabled 则无法输入;如为 readonly 则为只读
textvariable	输入框的输入数据变量(必须为 tkinter 型对象),用于设置或取得输入框的内容

程序案例:用输入框实现数据输入并做加法运算

参考文件:10-2-3-1.py   学习重点:输入框控件的使用

一、程序设计目的

用 tkinter 创建一个带有输入框控件、标签控件与按钮控件的窗口,窗口的标题文字为"加法窗口程序",按钮文字为"="。单击按钮后,程序会返回两数相加的结果。图 10-7 为输入 3.3 与 5.5 浮点数后单击按钮的执行结果。

图 10-7

二、参考程序代码

行号	程序代码
1	#用输入框进行数据输入并实现加法运算
2	import tkinter
3	def add_num():
4	result.set(num1.get() + num2.get())
5	win = tkinter.Tk()

```
6    win.title('加法窗口程序')
7    num1=tkinter.DoubleVar()
8    num2=tkinter.DoubleVar()
9    result=tkinter.DoubleVar()
10   item1=tkinter.Entry(win, width=10, textvariable=num1)
11   label1=tkinter.Label(win, width=5, text='+')
12   item2=tkinter.Entry(win, width=10, textvariable=num2)
13   btn=tkinter.Button(win, width=5, text='=', command=add_num)
14   label2=tkinter.Label(win, width=10, textvariable=result)
15   item1.pack(side='left')
16   label1.pack(side='left')
17   item2.pack(side='left')
18   btn.pack(side='left')
19   label2.pack(side='left')
20   win.mainloop()
```

三、程序代码说明

➢ 第 2 行：导入 tkinter 包。

➢ 第 3、4 行：定义一个 add_num()函数，函数内使用 get()方法取得两个输入框的内容，然后将相加后的结果，通过 set()方法传递给标签 result。

➢ 第 5 行：使用 Tk()方法创建窗口，并指定给窗口名称变量 win。

➢ 第 6 行：设置窗口标题为"加法窗口程序"。

➢ 第 7~9 行：tkinter.Entry()控件规定，textvariable 输入变量的数据类型必须是 tkinter 中所定义的数据类型，如 tkinter.DoubleVar()、tkinter.IntVar()、tkinter.StringVar()、tkinter.BooleanVar()。所以，我们用 tkinter 的 DoubleVar()方法定义 3 个 tkinter.DoubleVar()型浮点对象 num1、num2 与 result，用于保存输入框中输入的数据及计算结果。

➢ 第 10~14 行：在窗口变量 win 上面布置 2 个输入框（Entry），2 个标签（Label），1 个按钮（Button），并设置相关参数。

➢ 第 15~19 行：设置窗口上所有控件的摆放位置。

➢ 第 20 行：用 mainloop()方法打开窗口。

10-2-4 用文本控件 Text()输入文本

用 tkinter 的 Text()控件，可让用户输入带格式的文本。其语法如下：

```
tkinter.Text(容器对象[,参数 1=值, 参数 2=值, …])
```

➢ 容器对象：指定文本控件置于哪个对象之上。

➢ 属性参数：与文本控件相关的设置，其常见的属性参数见表 10-4。

表 10-4

属性参数	说明
width	文本控件宽度
height	文本控件高度（实际是指文本的行数）
background	文本控件的背景颜色，简称 bg
foreground	文本控件的文字颜色，简称 fg
state	文本控件的输入状态，默认值是 normal；如为 disabled 则无法输入；如为 readonly 则为只读
padx	文本控件的文字与文本控件边缘的水平间距
pady	文本控件的文字与文本控件边缘的垂直间距
wrap	文本的换行方式。默认值是 char，表示当文本超过文本控件的宽度时，会按字符进行换行；如参数值为 word，当文本超过文本控件宽度时按单词进行换行；如参数值为 none，则不换行，此时，一般需结合水平滚动条来使用
xscrollcommand	水平滚动条
yscrollcommand	垂直滚动条

程序案例：文本换行仿真程序

参考文件：10-2-4-1.py　　学习重点：文本控件的使用

一、程序设计目的

用 tkinter 创建一个文本控件，宽度为 40，高度为 8，窗口标题文字为"文本换行仿真程序"。本程序提供了 3 种不同的换行模式让用户选择，如图 10-8 所示。

图 10-8

如果用户输入 1，当文本超过文本框时，按字符换行（单词可能会被换行切断），其结果如图 10-9 所示。

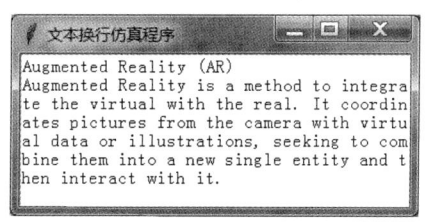

图 10-9

如果用户输入 2，当文本超过文本框宽度时，将根据单词换行，其结果如图 10-10 所示。

如果用户输入 3，文章内容将不换行，其结果如图 10-11 所示。

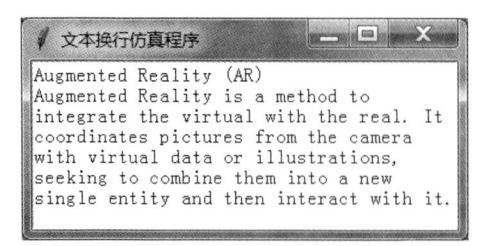

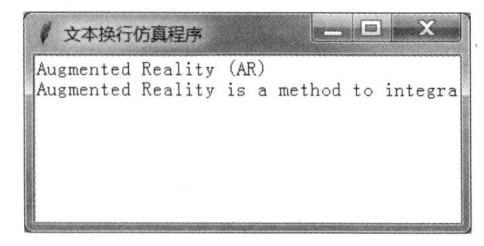

图 10-10

图 10-11

二、参考程序代码

行号	程序代码
1	#文本换行仿真程序
2	import tkinter
3	txt='Augmented Reality is a method to integrate the virtual with the real. \
4	It coordinates pictures from the camera with virtual data or illustrations, \
5	seeking to combine them into a new single entity and then interact with it.'
6	win = tkinter.Tk()
7	win.title('文本换行仿真程序')
8	choice=input('换行模式(1:根据字符换行 2:根据单词换行 3:不换行)：')
9	if(choice=='1'):
10	text = tkinter.Text(win, width=40, height=8, wrap='char')
11	elif(choice=='2'):
12	text = tkinter.Text(win, width=40, height=8, wrap='word')
13	elif(choice=='3'):
14	text = tkinter.Text(win, width=40, height=8, wrap='none')
15	text.insert('end', 'Augmented Reality (AR)\n')
16	text.insert('end', txt)
17	text.pack()
18	win.mainloop()

三、程序代码说明

➢ 第 2 行：导入 tkinter 包。

➢ 第 3~5 行：定义一个 txt 变量，其内容为一段文本数据。

➢ 第 6 行：使用 Tk()方法创建窗口，并指定给窗口名称变量 win。

➢ 第 7 行：设置窗口标题文字为"文本换行仿真程序"。

➢ 第 8~14 行：此处为 if…elif…语句，可根据用户输入的数字来选择不同的换行方法。

➢ 第 15、16 行：将文本标题"Augmented Reality (AR)"与文本内容放入文本控件内。

> 第 18 行：使用 mainloop()方法打开窗口。

10-2-5 滚动条控件（Scrollbar）

在 10-2-4 小节的程序案例中，如果文本控件的 wrap 参数值设为 none，其文字不会换行，为了方便用户完整浏览该文本的内容，我们可以结合滚动条控件（Scrollbar）来处理。

滚动条可以在文本控件中（Text）显示，用 tkinter 创建滚动条的语法如下：

tkinter.Scrollbar(容器对象[,参数 1=值, 参数 2=值, …])

> 容器对象：指定滚动放在哪个容器对象之上。
> 属性参数：跟滚动条的相关的设置，常见的滚动条属性参数见表 10-5。

表 10-5

属性参数	说明
width	滚动条宽度
background	滚动条的背景颜色，简称 bg
borderwidth	滚动条的框线宽度，简称 bd
orient	滚动条的方向。默认值为 vertical(垂直滚动条)，如果设为 horizontal，则表示水平滚动条
command	指定一个函数，当用户移动滚动条时，执行该指定函数

程序案例：垂直滚动条应用程序

参考文件：10-2-5-1.py　　学习重点：滚动条控件的使用

一、程序设计目的

用 tkinter 创建带滚动条的文本控件，文本控件的宽度为 40，高度为 5，窗口的标题文字为"垂直滚动条应用程序"，文本控件内的文本按单词换行，并且设置与窗口等高的垂直滚动条，如图 10-12 所示。

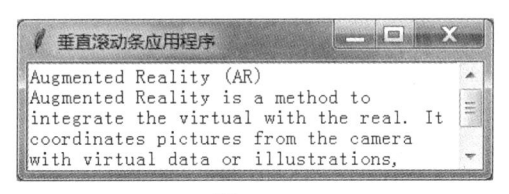

图 10-12

二、参考程序代码

行号	程序代码
1	#垂直滚动条应用程序

```
2    import tkinter
3    txt='Augmented Reality is a method to integrate the virtual with the real. \
4    It coordinates pictures from the camera with virtual data or illustrations, \
5    seeking to combine them into a new single entity and then interact with it.'
6    win = tkinter.Tk()
7    win.title('垂直滚动条应用程序')
8    sbar = tkinter.Scrollbar(win)
9    text = tkinter.Text(win, width=40, height=5, wrap='word')
10   text.insert('end', 'Augmented Reality (AR)\n')
11   text.insert('end', txt)
12   sbar.pack(side='right', fill='y')
13   text.pack(side='left', fill='y')
14   sbar["command"] = text.yview
15   text["yscrollcommand"] = sbar.set
16   win.mainloop()
```

三、程序代码说明

> 第 2 行：导入 tkinter 包。
> 第 3~5 行：定义一个 txt 变量，其内容为一段文字。
> 第 6 行：用 Tk()方法创建窗口，并指定给窗口名称变量 win。
> 第 7 行：设置窗口标题文字为"垂直滚动条应用程序"。
> 第 8 行：在容器对象 win 上创建滚动条 sbar。
> 第 9 行：在容器对象 win 上创建文本控件 text，并且设置其属性 width 的值为 40、height 的值为 5，wrap 属性的值 word。
> 第 10、11 行：将文本标题"Augmented Reality (AR)"与文本内容放入文本控件内。
> 第 12 行：设置滚动条位于窗口右方（side='right'）；设置参数 fill 的值为'y'，表示滚动条与容器对象的高度相同。
> 第 13 行：设置文本框位于窗口左侧（side='left'），设置参数 fill 的值为'y'，表示文本框与窗口的高度相同。
> 第 14 行：设置滚动条进行滚动时的操作（文本内容跟着滚动）。将滚动条的参数 command 的值设为 text.yview，表示滚动条滚动时调用 text.yview()方法。
> 第 15 行：将文本控件的参数 yscrollcommand 的值设为 sbar.set，表示将垂直滚动条连接到文本控件。
> 第 16 行：用 mainloop()方法运行窗口。

程序案例：水平滚动条应用程序

参考文件：10-2-5-2.py　　　学习重点：滚动条控件的使用

一、程序设计目的

用 tkinter 创建一个带水平滚动条的文本控件,文本控件的宽度为 40,高度为 3,窗口的标题为"水平滚动条应用程序",文本内容不换行,用与窗口宽度同宽的水平滚动条来实现浏览全部文本,如图 10-13 所示。

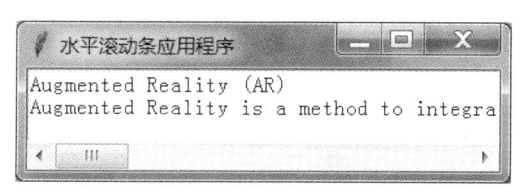

图 10-13

二、参考程序代码

行号	程序代码
1	#水平滚动条应用程序
2	import tkinter
3	txt='Augmented Reality is a method to integrate the virtual with the real. \
4	It coordinates pictures from the camera with virtual data or illustrations, \
5	seeking to combine them into a new single entity and then interact with it.'
6	win = tkinter.Tk()
7	win.title('水平滚动条应用程序')
8	sbar = tkinter.Scrollbar(win, orient='horizontal')
9	text = tkinter.Text(win, width=40, height=3, wrap='none')
10	text.insert('end', 'Augmented Reality (AR)\n')
11	text.insert('end', txt)
12	sbar.pack(side='bottom', fill='x')
13	text.pack(side='left', fill='x')
14	sbar["command"] =text.xview
15	text["xscrollcommand"] =sbar.set
16	win.mainloop()

三、程序代码说明

> 第 8 行:在窗口 win 上创建滚动条 sbar,并且将其属性参数 orient 的值设为'horizontal'(水平滚动条)。
> 第 9 行:在窗口 win 上创建文本控件 text,并且设置其属性参数 width 的值为 40、height 的值为 3(即 3 行)、wrap 的值为 none。
> 第 12 行:将滚动条置于窗口下方(bottom),设置参数 fill 的值为 x,表示滚动条与窗口同宽。
> 第 13 行:将文本控件置于窗口的左方,设置 fill 的值为 x,表示文本框与窗口同宽。

- 第 14 行：将滚动条控件属性参数 command 的值设为 text.xview，表示滚动条滚动时调用 xview()方法。
- 第 15 行：将文本控件的属性参数 xscrollcommand 的值设为 sbar.set，表示将水平滚动条连接到文本控件。

10-3 tkinter 的高级控件

10-3-1 对话框控件（messagebox）

对话框（messagebox）可以用来显示信息，并获得用户的返回，使用 tkinter 创建对话框的语法如下：

```
tkinter.messagebox.方法(标题, 对话信息[, 参数 1=值, 参数 2=值, …])
```

- 标题：表示对话框的标题文字。
- 对话文字：表示出现在对话框中的文字信息。
- 方法：表示对话框所提供的各种功能，常见的方法见表 10-6。

表 10-6

方法	说明	图例
askokcancel	询问"确定"或"取消"，选择"确定"会返回 True，选择"取消"会返回 False	
askquestion	询问"是"或"否"，用户选择"是"会返回 yes，选择"否"会返回 no	
askretrycancel	询问"重试"或"取消"，用户选择"重试"会返回 True，选择"取消"返回 False	
askyesno	询问"是"或"否"，选择"是"返回 True，选择"否"返回 False	

续表

方法	说明	图例
showerror	错误通知对话框，用户需单击"确定"	
showinfo	信息提示对话框，用户需单击"确定"	
showwarning	警告信息对话框，用户需单击"确定"	

➢ 参数：常见的对话框可选参数见表10-7。

表 10-7

参数	说明
default	默认按钮，如 askokcancel 方法的默认按钮是"确定"，可通过把 default 参数的值设置为"取消"，来改变其默认按钮，其语法如下： messagebox.askokcancel('参数','Hi!',default='cancel') 其执行结果如图所示。
icon	设置对话框内的图标，其可选值有 error、info、question、warning 等。比如，把 icon 参数的值设置为 info，其语法如下： messagebox.askokcancel('参数','Hi!',icon='info') 其执行结果如图所示。

程序案例：使用对话框对年龄进行判断

📄 参考文件：10-3-1-1.py　　✏️ 学习重点：对话框的使用

一、程序设计目的

用 tkinter 创建一个宽 80 高 300、标题为"年龄判断程序"的窗口，窗口中包含一个按钮控件，控件文字为"跳出对话框"，如图 10-14 所示。

图 10-14

单击"跳出对话框"按钮，会出现一个标题为"年龄问题"的对话框，对话框中的文字为"你已满 18 岁了吗？"，如果用户单击"是"，则程序会显示出一个标题为"恭喜"，内容为"您已成年！"的对话框，如图 10-15 所示。

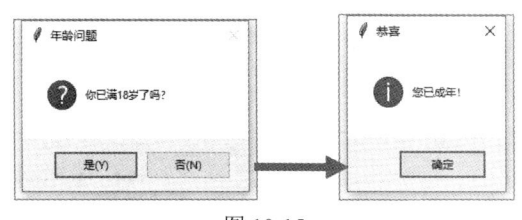

图 10-15

如果用户单击"否"，则程序会显示出一个标题为"很抱歉"，内容为"您尚未成年喔！"的对话框，如图 10-16 所示。

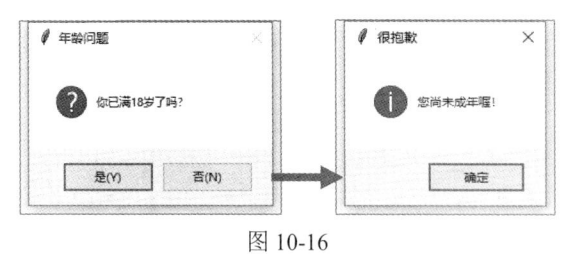

图 10-16

二、参考程序代码

行号	程序代码
1	#利用对话框进行年龄判断的程序

```
2   import tkinter
3   from tkinter import messagebox
4   def showMsg():
5       Ans=messagebox.askquestion('年龄问题','你已满 18 岁了吗？')
6       if(Ans=='yes'):
7           messagebox.showinfo('恭喜','您已成年！')
8       else:
9           messagebox.showinfo('很抱歉','您尚未成年喔！')
10  win = tkinter.Tk()
11  win.title('年龄判断程序')
12  win.geometry('300x100')
13  btn = tkinter.Button(win,text='跳出对话框', command=showMsg)
14  btn.pack()
15  win.mainloop()
```

三、程序代码说明

- 第 2 行：导入 tkinter 包。
- 第 3 行：导入 tkinter 包的 messagebox 模块。
- 第 5 行：用 tkinter 的 askquestion()方法，创建一个让用户选择其年龄是否已满 18 岁的对话框。
- 第 6、7 行：如果单击"是"，则程序会返回"yes"，程序进入第 7 行，显示一个标题为"恭喜"，内容为"您已成年！"的对话框。
- 第 8、9 行：如果单击"否"，则程序会返回"no"，程序进入第 9 行，显示一个标题为"很抱歉"，内容为"您尚未成年喔！"的对话框。
- 第 13 行：定义单击按钮时所要执行的操作，即调用 showMsg()自定义函数。

10-3-2 复选按钮控件（Checkbutton）

所谓复选按钮（Checkbutton）是指可以为用户提供选择项目的按钮，允许多选或者不选，也就是说所有选项都是各自独立的，用户可以自由决定选取或不选取。

用 tkinter 创建复选按钮的语法如下：

tkinter.Checkbutton(容器对象[,参数 1=值，参数 2=值，…])

- 容器对象：设置复选按钮位于哪个对象之上。
- 属性参数：与复选按钮属性相关的设置，常见的属性参数见表 10-8。

表 10-8

属性参数	说明
text	复选按钮的文字
width	复选按钮的宽度

续表

属性参数	说明
height	复选按钮的高度
background	复选按钮的背景颜色,简称 bg
foreground	复选按钮的文字颜色,简称 fg
command	当复选按钮的状态改变时,设定需要执行的操作
textvariable	指定按钮文字变量,即指定把按钮文字的值保存到哪个变量之中
variable	指定按钮状态变量,即指定把按钮状态值保存到哪个变量之中

程序案例:选择想要旅游的国家

参考文件:10-3-2-1.py   学习重点:复选按钮的使用

一、程序设计目的

用 tkinter 创建一个带有复选按钮控件及标签控件的窗口,窗口的宽度为 350,高度为 200,窗口标题为"想要去旅游的国家调查",如图 10-17 所示。

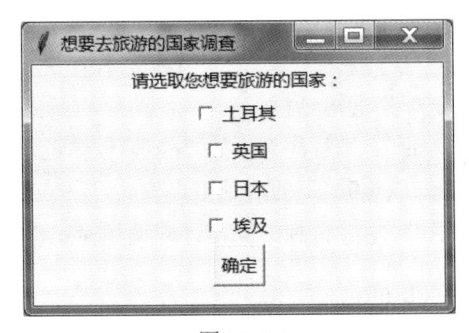

图 10-17

选取国家后,单击"确定"按钮,会出现"选取结果"对话框,对话框内中的内容是刚刚选取的国家名称,复选按钮可以选择多个选项,如图 10-18 所示。

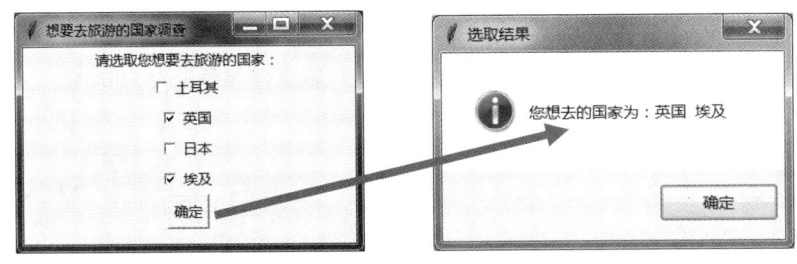

图 10-18

二、参考程序代码

行号	程序代码
1	#选取想要去旅游的国家
2	import tkinter
3	from tkinter import messagebox
4	def showMsg():
5	result = ''
6	for i in check_v:
7	if check_v[i].get() == True:
8	result = result + country[i] + ' '
9	messagebox.showinfo('选取结果', '您想去的国家为：'+result)
10	win=tkinter.Tk()
11	win.title('想要去旅游的国家调查')
12	win.geometry('350x200')
13	label=tkinter.Label(win, text='请选取您想要去旅游的国家：').pack()
14	country ={0:'土耳其', 1:'英国', 2:'日本', 3:'埃及'}
15	check_v ={}
16	for i in range(len(country)):
17	check_v[i] = tkinter.BooleanVar()
18	tkinter.Checkbutton(win, text=country[i], variable=check_v[i]).pack()
19	tkinter.Button(win, text='确定', command=showMsg).pack()
20	win.mainloop()

三、程序代码说明

- 第 2 行：导入 tkinter 包。
- 第 3 行：导入 tkinter 包的 messagebox 模块。
- 第 5 行：先把选取结果变量 result 设为空值。
- 第 6~8 行：使用 for 循环与 get()方法，检查复选按钮的状态值，其值若为 True，则把该按钮的 text 属性值（即国名）加入 result 变量。
- 第 9 行：用 messagebox 控件的 showinfo()方法，显示选中的国家名称。
- 第 14 行：用字典型变量 country 来保存所有的国家名称。
- 第 15 行：创建一个空字典变量 check_v，用于存放按钮的状态。
- 第 16~18 行：使用 for 循环创建 4 个复选按钮，以 country[i]作为按钮文字，通过 variable 参数，指定用 check_v[i]作为保存按钮状态值的变量。

10-3-3 单选按钮控件（Radiobutton）

单选按钮是另一种可以让用户点选的控件，与复选按钮不同的是，单选按钮只能让用户从多个选项中选取其中一个选项。例如，一般情况下性别不是男就是女，我们只能选择一种，这种情况就不适合使用复选按钮，但很符合单选按钮的使用方式。

用 tkinter 创建单选按钮的语法如下：

tkinter.Radiobutton(容器对象[,参数 1=值, 参数 2=值, …])

> 容器对象：是指把单选按钮置于哪个对象之上。
> 属性参数：与单选按钮属性相关的设置，常见的属性参数见表 10-9。

表 10-9

属性参数	说明
text	单选按钮文字
width	单选按钮宽度
height	单选按钮高度
background	单选按钮的背景颜色，简称 bg
foreground	单选按钮的文字颜色，简称 fg
value	为按钮设置一个按钮值
command	当单选按钮的状态改变时，指定所要触发的函数
textvariable	单选按钮文字变量。指定把按钮的文字保存在哪个变量中
variable	按钮状态变量。用 variable 指定一个变量，如果按钮值与该变量值相等，则把该按钮置为选中状态
image	用图片而非文字作为单选按钮内容

程序案例：最想去旅游的国家调查程序

参考文件：10-3-3-1.py　　学习重点：单选按钮的使用

一、程序设计目的

用 tkinter 创建一个包含标签、单选按钮与按钮的窗口，窗口宽 350 高 200，窗口的标题为"最想去旅游国家调查"，因为是"最"想要去的国家，所以只能选择一个国家，其如图 10-19 所示。

图 10-19

选取一个国家后,单击"确定",会出现"选取结果"对话框,对话框中的内容为刚刚选取的国家名称,如图 10-20 所示。

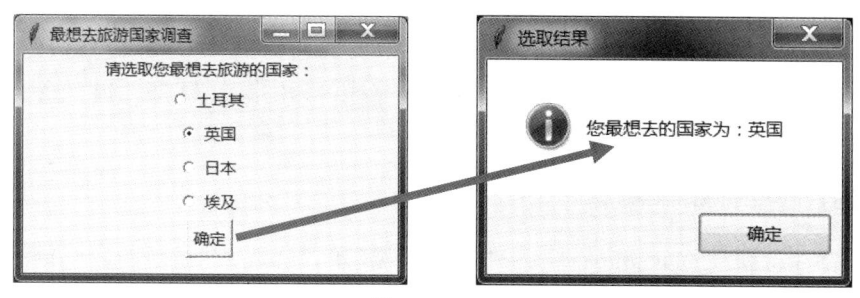

图 10-20

二、参考程序代码

行号	程序代码
1	#最想去旅游的国家调查程序
2	import tkinter
3	from tkinter import messagebox
4	def showMsg():
5	i=radio_v.get() #本方法得到的是处于选中状态按钮的按钮值
6	messagebox.showinfo('选取结果', '您最想去的国家为：'+country[i])
7	win=tkinter.Tk()
8	win.title('最想去旅游国家调查')
9	win.geometry('350x200')
10	label=tkinter.Label(win, text='请选取您最想去旅游的国家：').pack()
11	country={0:'土耳其', 1:'英国', 2:'日本', 3:'埃及'}
12	radio_v = tkinter.IntVar()
13	radio_v.set(0)
14	for i in range(len(country)):
15	tkinter.Radiobutton(win,text=country[i],variable=radio_v,value=i).pack()
16	tkinter.Button(win, text = "确定", command=showMsg).pack()
17	win.mainloop()

三、程序代码说明

> 第 2 行：导入 tkinter 包。
> 第 3 行：导入 tkinter 包的 messagebox 模块。
> 第 4~6 行：自定义函数 showMsg，通过 get()方法获取当前被选中按钮的按钮值。
> 第 11 行：以字典型变量 country 来创建旅游国家清单：土耳其、英国、日本与埃及。
> 第 12 行：创建一个 IntVar 类型的对象 radio_v，用于保存按钮状态值。

> 第 13 行：使用 set()方法将对象 radio_v 的值设为 0。
> 第 14～15 行：使用 for 循环创建 4 个单选按钮。用 text 指定按钮的文字依次为 country[i] 字典的值；用 variable 指定从 radio_v 对象中获得一个值，如果此值与按钮值相等，则把此按钮置于选中状态；用 value 设置各按钮的按钮值依次为 0、1、2、3。假如 radio_v.set(3)，则 radio_v.get()=3，那么，此值与最后一个按钮值相同，即与"埃及"对应的按钮值相同，则"埃及"按钮会处于默认的选中状态。

10-3-4 图片（Photoimage）

tkinter 包中的图片（Photoimage）组件的功能很简单，就是用来显示图片，本组件支持的图片的文件格式有.gif、.ppm 和.pgm。用 tkinter 创建图片组件的语法如下：

```
tkinter.Photoimage(file='图片路径')
```

程序案例：旅游景点图片调查程序

参考文件：10-3-4-1.py　　　学习重点：图片组件的使用

一、程序设计目的

用 tkinter 创建一个宽 300 高 550 的窗口。窗口包含一个标签和一个包含两个选项的单选按钮，按钮的内容为图片，窗口的标题为"旅游景点调查"，如图 10-21 所示。

选取一个铁塔后单击"确定"，则会出现一个"选取结果"对话框，对话框的内容为所选取的铁塔名称，如图 10-22 所示。

图 10-21 　　　　　　　　　　　　图 10-22

二、参考程序代码

行号	程序代码
1	#旅游景点图片调查程序
2	import tkinter

```
3    from tkinter import messagebox
4    def showMsg():
5        i = radio_v.get()
6        if i == 0:
7            messagebox.showinfo("选取结果","东京铁塔")
8        else:
9            messagebox.showinfo("选取结果","巴黎铁塔")
10   win=tkinter.Tk()
11   win.title('旅游景点调查')
12   win.geometry('300x550')
13   label=tkinter.Label(win, text='请选取您比较喜欢的铁塔：').pack()
14   image1 = tkinter.PhotoImage(file ='Tokyo.gif')
15   image2 = tkinter.PhotoImage(file ='Paris.gif')
16   radio_v = tkinter.IntVar()
17   radio_v.set(0)
18   tkinter.Radiobutton(win, image=image1, variable=radio_v, value=0).pack()
19   tkinter.Radiobutton(win, image=image2, variable=radio_v, value=1).pack()
20   tkinter.Button(win, text = "确定", command = showMsg).pack()
21   win.mainloop()
```

三、程序代码说明

- 第 14 行：用 tkinter 包中的 PhotoImage()方法读取 Tokyo.gif 图片文件，并保存到 image1 对象。注意要确保 Tokyo.gif 文件位于当前（本程序所在的目录）目录下。
- 第 15 行：用 tkinter 包中的 PhotoImage()方法读取 Paris.gif 图片文件，并保存到 image2 对象。
- 第 18 行：将第 1 个单选按钮的 image 参数设置为对象 image1。
- 第 19 行：将第 2 个单选按钮的 image 参数设置为对象 image2。

TIPs JPG 图片的演示

tkinter 的图片（Photoimage）组件只支持.gif、.ppm 和.pgm 这三种图片类型，而对于我们常用.jpg 文件格式却并不支持。我们可以通过 PIL 包的 ImageTk 和 Image 模块，来完成.jpg 文件的显示，参考代码如下：

参考文件：10-3-4-2.py

```
#.jpg 文件的显示
import tkinter as tk
from PIL import ImageTk, Image #导入 PIL 包的 ImageTk 和 Image 模块
win = tk.Tk()
win.title("WeDesign 唯设计")
win.geometry("500x300")
```

```
win.configure(background='grey')
path = "wedesign.jpg" #要打开的.jpg 文件的路径与文件名
img=ImageTk.PhotoImage(Image.open(path)) #使用 PhotoImage()方法打开图片文件
panel=tk.Label(win, image=img) #用标签的方式显示图片文件
panel.pack()
win.mainloop()
```

其执行结果如图 10-23 所示。

图 10-23

10-3-5 菜单控件（Menu）

菜单控件（Menu）是非常常用的一个控件，它为软件提供一个清晰的操作接口。善于使用菜单来设计程序界面，可方便用户对程序的使用。图 10-24 为记事本所使用的菜单界面。

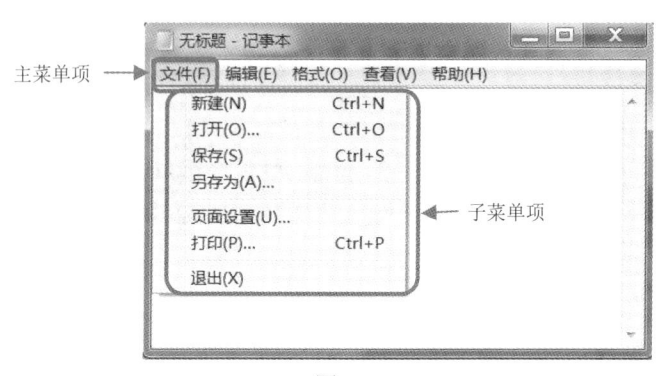

图 10-24

用 tkinter 创建菜单控件的语法如下：

tkinter.Menu(容器对象[,参数 1=值, 参数 2=值, …])

> 容器对象：是指把菜单创建于哪个对象之中。

> 参数：与菜单属性相关的设置，常见的属性参数见表 10-10。

表 10-10

属性参数	说明
background	菜单的背景颜色，简称 bg
foreground	菜单的文字颜色，简称 fg
tearoff	是否在第一个选项上方显示分隔线。默认值为显示，如左图所示。 如要不显示该分隔线，设置 tearoff=0，如右图所示。

另外，菜单控件包含了一些相关菜单操作方法，常用的方法见表 10-11。

表 10-11

方法名称	说明
add_cascade(label='标签名', menu=标签对象)	Label 表示子菜单位于哪个标签之下，menu 用于指定把哪个菜单对象作为子菜单。 filemenu = tkinter.Menu(menu) #创建一个菜单对象 menu.add_cascade(label="窗口调整", menu=filemenu) #在 label 下创建 menu 子菜单
add_command(参数)	在菜单中插入带功能的菜单项，常用参数有 label、command。label 表示菜单项的标签，command 表示单击该菜单项时要触发哪个函数。示例如下： filemenu.add_command(label="变宽", command=width)
add_separator(参数)	在菜单项间插入分隔线，示例如下： filemenu.add_separator() #在菜单项间加分隔线

程序案例：通过菜单修改窗口的长与宽程序

参考文件：10-3-5-1.py　　　学习重点：菜单控件的使用

一、程序设计目的

用 tkinter 创建一个包含菜单的窗口。窗口宽 500 高 200，窗口标题为"500×200"，主菜单包含两项，分别为"窗口调整""恢复到 500×200"，如图 10-25 所示。

"窗口调整"主菜单下包含两个子菜单选项，其中"窗口变宽"选项可让窗口的大小变为 800×200，"窗口变高"选项可让窗口的大小变为 500×500。在子菜单项"窗口变高…"的后面加入分隔线。如图 10-26 所示。

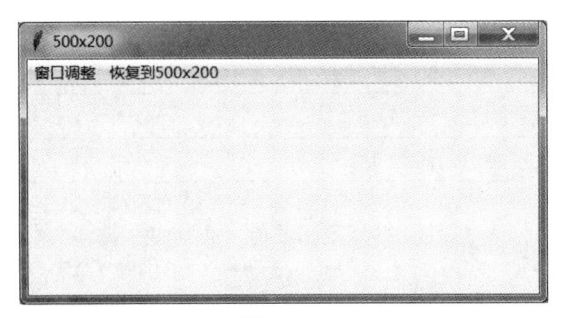

图 10-25

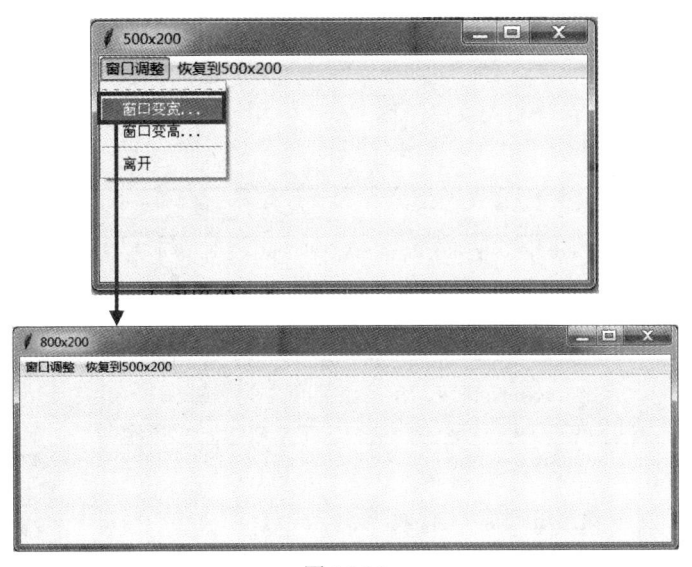

图 10-26

二、参考程序代码

行号	程序代码
1	#通过菜单修改窗口的长与宽
2	import tkinter
3	def width():
4	win.title('800×200')
5	win.geometry('800×200')
6	def height():
7	win.title('500×500')
8	win.geometry('500×500')
9	def back():

```
10              win.title('500×200')
11              win.geometry('500×200')
12   win = tkinter.Tk()
13   win.geometry('500×200')
14   win.title('500×200')
15   menu = tkinter.Menu(win)    #在 win 窗口中创建菜单对象
16   win["menu"] = menu   #win 窗口对菜单对象 menu 进行"登记",即关联
17   filemenu = tkinter.Menu(menu)
18   menu.add_cascade(label="窗口调整", menu=filemenu)
19   filemenu.add_command(label="窗口变宽...", command=width)
20   filemenu.add_command(label="窗口变高...", command=height)
21   filemenu.add_separator()
22   filemenu.add_command(label="离开", command=win.destroy)
23   originalmenu = tkinter.Menu(menu, tearoff=0)
24   menu.add_cascade(label = "恢复到 500×200", menu=originalmenu)
25   originalmenu.add_command(label="变回 500×200 窗口", command=back)
26   win.mainloop()
```

三、程序代码说明

> 第 3~11 行:定义 3 个调整窗口长、宽及名称的函数。

> 第 15 行:在 win 窗口中创建菜单对象,省略 tearoff 参数,表示要在菜单项的第 1 项前加分割线。

> 第 16 行:把菜单对象 menu 与窗口对象 win 关联。

> 第 17 行:在菜单对象 menu 中再创建一个菜单对象 filemenue(子菜单)。

> 第 18 行:#在菜单对象 menu 中创建"窗口调整"标签,然后把菜单对象 filemenu 作为子菜单添加到菜单对象 menu 的"窗口调整..."标签下。

> 第 19 行:向子菜单(filemenu)中添加一个标签名为"窗口变宽..."的菜单项,当鼠标单击此菜单项时,触发自定义函数 width。

> 第 21 行:向子菜单(filemenu)中添加一条分隔线。

> 第 22 行:向子菜单(filemenu)中再插入一个标签名为"离开"的菜单项,鼠标单击此菜单项时,触发系统函数 destroy 来关闭窗口。

> 第 23 行:在主菜单对象 menu(主菜单)中再创建一个菜单对象 originalmenu,tearoff=0 表示要在第一个菜单项前不加分割线

> 第 24 行:在菜单对象 menu 中创建标签"还原到 500×200"(主菜单第 2 项的标签),然后把菜单对象 originalmenu 作为子菜单插入到该标签之下。

> 第 25 行:在标签对象 originalmenu(第 2 项主菜单下的子菜单)中创建一个标签名为"变回 500×200 窗口"的菜单项,单击此菜单项时,触发系统函数 back。

习题

选择题

( ) 1. 下列哪一个控件主要是用来显示信息的？
  A．button B．menu C．text D．label

( ) 2. 下列哪一个方法是用于打开窗口的？
  A．askretrycancel() B．mainloop()
  C．add_command() D．add_cascade()

( ) 3. 按钮控件的哪一个参数是用来触发函数的？
  A．pady B．command C．textvariable D．justify

( ) 4. 下列哪一个方法可以创建"显示警告信息对话框"？
  A．askyesno() B．showerror() C．showinfo() D．showwarning()

( ) 5. tkinter 包中的 Photoimage 组件不支持下列哪种文件？
  A．.jpg B．.gif C．.ppm D．.pgm

es
11 绘制图表

Matplotlib 包为 Python 提供了绘图功能，通过该包中的相关功能，可以让用户把数据转化为图形。matplotlib 的功能很强大，尤其是在科学图表的绘制方面有良好的表现。

11-1　Matplotlib 官方网站

Matplotlib 官方网站的网址：http://matplotlib.org/，网站中的相关说明指出，Matplotlib 包是一个 Python 2D 图表绘制包，可以在 2D 空间中绘制出多种类型的图表，如图 11-1 所示。

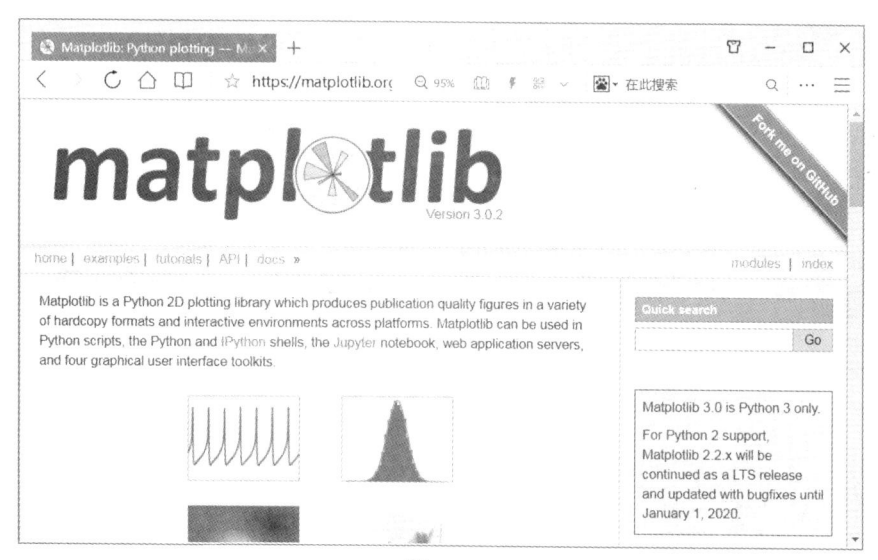

图 11-1

该网站中提供了各种图表绘制的案例，以及每种案例的程序代码，供用户参考，如图 11-2 所示。

图 11-2

在使用 matplotlib 之前，需先导入 matplotlib 包。由于常用的大部分绘图功能都位于 pyplot 模块中，所以其导入的语法如下：

import matplotlib.pyplot

由于 matplotlib.pyplot 字符串较长，为了方便使用，我们往往会为其起个别名，如 plt，为导入的包加别名的语法如下：

import matplotlib.pyplot as plt

11-2 绘制线条图

通过 matplotlib.pyplot 的 plot() 方法，我们可以绘制线条图，其语法如下：

plt.plot(x 坐标列表,y 坐标列表[,参数 1,参数 2,参数 3,…])

plot() 方法根据 x 坐标列表与 y 坐标列表来绘制线条图，该方法相关的属性参数见表 11-1。

表 11-1

属性参数	说明
color	设置线条颜色，默认值为蓝色
linewidth	设置线条宽度，简称 lw
linestyle	设置线条样式，简称 ls。默认值为-（表示实线）。其他设置值有--（表示虚线）、-.（表示虚点线）及:（表示点线）
label	设置图标签（图例），此参数需与 legend() 方法结合使用才有效果

用 plot() 方法创建线条图对象之后，需要调用 show() 方法来显示线条，其语法如下：

plt.show()

Chapter 11 绘制图表

程序案例：绘制线条图程序

📄 参考文件：11-2-1.py   ✏️ 学习重点：plot()方法的使用

一、程序设计目的

用 matplotlib 绘制一条线段，x 坐标列表为[1,2]，y 坐标列表为[10,20]，颜色为红色，线段宽为 5，线条样式设为 "虚点线"，图表名为 "2-D line plot"，其结果如图 11-3 所示。

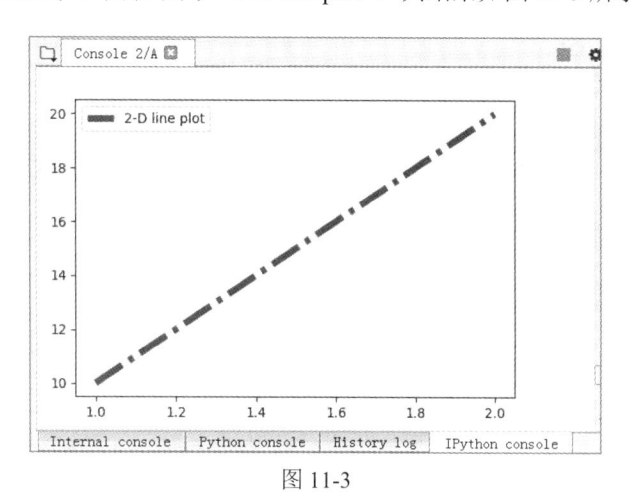

图 11-3

二、参考程序代码

行号	程序代码
1	#绘制线条程序
2	import matplotlib.pyplot as plt
3	list_x=[1,2]
4	list_y=[10,20]
5	plt.plot(list_x, list_y, color='red', ls='-.', lw=5, label='2-D line plot')
6	plt.legend()
7	plt.show()

三、程序代码说明

> 第 2 行：导入 matplotlib.pyplot 模块，重命名为 plt。
> 第 3 行：x 的坐标列表设为[1,2]，保存到列表变量 list_x 中。
> 第 4 行：y 的坐标列表设为[10,20]，保存到列表变量 list_y 中。
> 第 5 行：调用 plot()方法绘制线条，并且设置相关的属性参数。
> 第 6 行：调用 legend()方法显示图标签。

➢ 第 7 行：调用 show()方法来显示该线条图。

我们还可以一次绘制多个线条，并且可以设置 x 轴与 y 轴所显示的取值范围。x 坐标取值范围的设置语法如下：

plt.xlim(起始值, 结束值)

y 坐标取值范围的设置语法如下：

plt.ylim(起始值, 结束值)

为了便于对于所绘图片的理解，我们可以为 x、y 轴分别设置标签，其语法如下：

plt.title(图表标题)
plt.xlabel(x 轴标签)
plt.ylabel(y 轴标签)

程序案例：绘制多个线条并设置坐标轴的取值范围

参考文件：11-2-2.py　　　　学习重点：坐标轴取值范围的设置

一、程序设计目的

用 matplotlib 绘制 2 个线条，第 1 条线为男性结婚平均年龄统计，x 轴表示年份，坐标列表为 [2006,2011,2014,2015,2016]，y 轴表示结婚平均年龄，坐标列表为[30.7,31.8,32.1,32.2,32.4]；第 2 条线为女性结婚平均年龄统计，x、y 坐标列表分别为 [2006,2011,2014,2015,2016]、[27.8,29.4,29.9,30.0,30.0]。男姓线条用蓝色实线表示，女性线条用红色虚线表示。

为了方便理解，将 x 轴的取值范围为 2006～2016，y 轴的取值范围为 27～33，图标题为 "Age of first marriage"，x 轴标签为 "Year"，y 轴标签为 "Age"，其执行结果如图 11-4 所示。

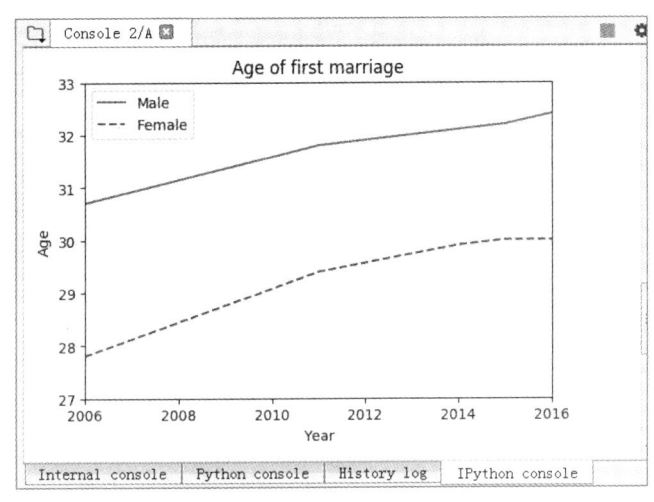

图 11-4

二、参考程序代码

行号	程序代码
1	#绘制多个线条并设置坐标范围
2	import matplotlib.pyplot as plt
3	list_x1 = [2006,2011,2014,2015,2016]
4	list_y1 = [30.7,31.8,32.1,32.2,32.4]
5	plt.plot(list_x1, list_y1, label="Male") #创建一个线条对象
6	list_x2 = [2006,2011,2014,2015,2016]
7	list_y2 = [27.8,29.4,29.9,30.0,30.0]
8	plt.plot(list_x2, list_y2, color="red", ls="--", label="Female") #再创建一个线条对象
9	plt.legend()　　#显示图例
10	plt.xlim(2006,2016) #x 坐标范围为 2006~2016
11	plt.ylim(27,33) #y 坐标范围为 27~33
12	plt.title("Age of first marriage")
13	plt.xlabel("Year")
14	plt.ylabel("Age")
15	plt.show()

三、程序代码说明

> 第 2 行：导入 matplotlib.pyplot 模块，重命名为 plt。
> 第 3~4 行：初始化 x、y 坐标列表，并把 x、y 坐标值分别保存到列表变量 list_x1 及 list_y1。
> 第 5 行：创建线条对象，设置其标签为"Male"。线条的颜色与样式使用默认值（蓝色实线）。
> 第 6~7 行：初始化 x、y 坐标列表，并把 x、y 坐标值分别保存到列表变量 list_x2 及 list_y2。
> 第 8 行：创建线条对象，设置其标签为"Female"。线条的颜色为红色，样式为虚线）
> 第 9 行：用 legend()方法显示图例。
> 第 10、11 行：设置 x 坐标范围为 2006~2016，y 坐标范围为 27~33。
> 第 12~14 行：设置图标题为 Age of first marriage，x 轴的标签为 Year，y 轴的标签为 Age。

11-3 绘制柱状图

matplotlib.pyplot 中除了包含用于绘制线条图的 plot()方法外，还包含用于绘制柱状图的 bar()方法。其语法如下：

plt.bar(x 坐标列表,y 坐标列表[,参数 1,参数 2, 参数 3, …])

bar()方法也是基于 x 坐标列表与 y 坐标列表来绘制柱状图，本方法中常见的属性参数见表 11-2。

表 11-2

属性参数	说明
color	柱状图的颜色，默认值为蓝色
label	设置柱状图的标签，此参数需与 legend()方法一起使用才有效果

程序案例：绘制柱状图程序

参考文件：11-3-1.py　　　学习重点：柱状图的绘制

一、程序设计目的

用 matplotlib 绘制柱状图，其相关的坐标数据与案例 11-2-2.py 中使用的数据相同，其执行结果如图 11-5 所示。

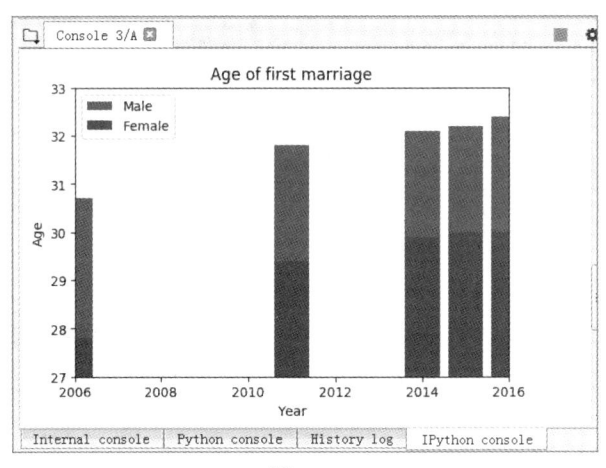

图 11-5

二、参考程序代码

行号	程序代码
1	#绘制柱状图程序
2	import matplotlib.pyplot as plt
3	list_x1 = [2006,2011,2014,2015,2016]
4	list_y1 = [30.7,31.8,32.1,32.2,32.4]
5	plt.bar(list_x1, list_y1, label="Male") #生成男性结婚年龄的柱状图对象
6	list_x2 = [2006,2011,2014,2015,2016]
7	list_y2 = [27.8,29.4,29.9,30.0,30.0]
8	plt.bar(list_x2, list_y2, color="red", label="Female") #生成女性结婚年龄的柱状图对象
9	plt.legend()
10	plt.xlim(2006,2016) #x 坐标范围为 2006~2016

```
11    plt.ylim(27,33) #y 坐标范围为 27~33
12    plt.title("Age of first marriage")
13    plt.xlabel("Year")
14    plt.ylabel("Age")
15    plt.show()
```

三、程序代码说明

> 第 5 行：使用 bar()方法生成男性第一次结婚年龄的柱状图对象。
>
> 第 8 行：使用 bar()方法生成女性第一次结婚年龄的柱状图对象，并且将柱状图颜色改为红色。

11-4 绘制饼图

通过 matplotlib.pyplot 的 pie()方法，可以绘制饼图，其语法如下：

plt.pie(比例列表[,参数 1,参数 2, 参数 3, …])

pie()方法根据数据列表中的数值来绘制饼图，本方法中常见的属性参数见表 11-3。

表 11-3

参数	说明
colors	设置饼图中块的颜色
labels	饼图每一个项目的标签（图例），此参数需结合 legend()方法才有效果
explode	需突出项目的突出比例，默认值为 0，表示不突出，0.1 代表突出 10%，下图每一个项目的突出值都为 0 时的状态： 下图为把 Jason 项目的 explode 参数值设为 0.1 时的情况：

续表

参数	说明
shadow	为项目加上投影效果，默认值为 False，表示不加投影，如下图所示： 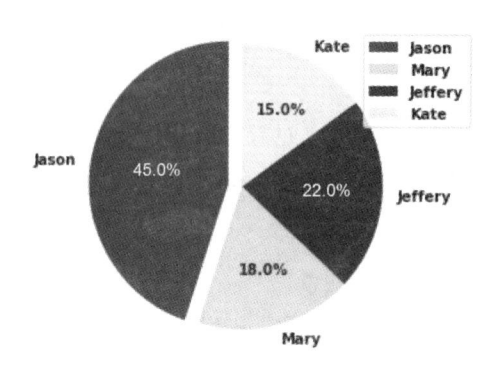 将 shadow 参数设为 True，图形的投影效果如下图： 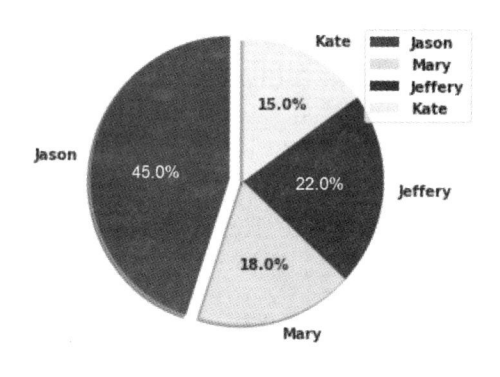
labeldistance	标签到圆心的距离，以标签距离圆心相对于半径的倍数表示，值越大离圆心越远。下图为 labeldistance 参数值设为 1.5 时的状态： 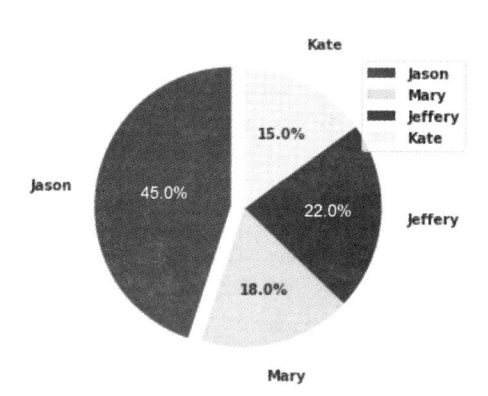

参数	说明
pctdistance	比例数字距圆心的距离。数值 0.6 代表比例值到圆心的距离为半径的 0.6 倍，数值越大离圆心越远
autopct	饼图比例数字的显示格式，其语法为"%整数字数.小数字数 f%%"，例如：设置 autopct=%3.2f%%时（保留两位小数）的效果如下图所示：
startangle	设置绘制饼图时的起始角度（逆时针绘制），默认为 0。下图为使用默认起始角度值 0 度时绘制的效果：

matplotlib.pyplot 在绘制饼图时，默认采用椭圆形的方式绘制，其呈现效果如图 11-6 所示。

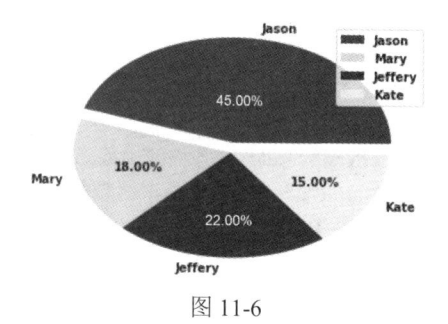

图 11-6

如果要以正圆形来绘制饼图，则其语法如下：

```
plt.axis("equal")
```

程序案例：绘制正圆形饼图程序

参考文件：11-4-1.py　　学习重点：绘制饼图

一、程序设计目的

在一场选举中有 4 位候选人，姓名分别为"Jason""Mary""Jeffery""Kate"，每人获得的票数占比分别为 35.35%、23%、26.65%、15%，请绘制一个饼图来呈现选举结果，底色分别为"red""lightblue""purple""yellow"。最高票与最低票设置突出比例为 0.1，比值格式为 3 位整数 2 位小数，项目标签距离圆心的距离为 1.1，比值距圆心的距离为 0.6，饼图绘制的起始角度为 180°，其执行结果如图 11-7 所示。

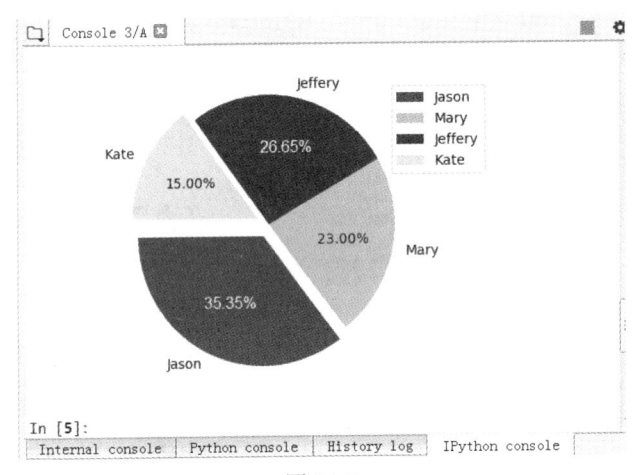

图 11-7

二、参考程序代码

行号	程序代码
1	#绘制正圆形饼图程序
2	import matplotlib.pyplot as plt
3	my_sizes=[35.35, 23, 26.65, 15] #各项占比
4	my_labels=["Jason", "Mary", "Jeffery", "Kate"] #各项的标签（图例）
5	my_colors=["red", "lightblue", "purple", "yellow"] #各项的颜色
6	my_explode=(0.1, 0, 0, 0.1) #突出项的突出比例
7	plt.pie(my_sizes,labels=my_labels,colors=my_colors, explode=my_explode,\
8	labeldistance=1.1,autopct="%3.2f%%",pctdistance=0.6,startangle=180)
9	plt.axis("equal") #以正圆形进行绘制
10	plt.legend() #显示图例
11	plt.show() #显示饼图

三、程序代码说明

> 第 3 行：设置饼图各项的占比。
> 第 4 行：设置饼图各项的标签。
> 第 5 行：设置饼图各项的颜色。
> 第 6 行：设置饼图各项的突出比例，最高票与最低票突出值设为 0.1，其余项突出值设为 0。
> 第 7、8 行：根据参数生成饼图对象。
> 第 9 行：设置以正圆形绘制饼图。

11-5 与 numpy 包的综合运用

numpy 包是 Python 语言用来支持矩阵运算的包，功能相当强大，要使用 numpy 包必须先导入，其导入的语法如下：

```
import numpy
```

为了方便使用，我们可以为 numpy 包起个别名，如 np，其语法如下：

```
import numpy as np
```

11-5-1 创建矩阵

使用 numpy 包的 array()方法可以创建一个矩阵，其语法如下：

```
np.array(列表)
```

我们还可以用 numpy 中 arange()方法创建矩阵，其语法如下：

```
np.arange(起始值, 结束值, 差值)
```

例如：np.arange(0,3,1)会得到矩阵[0,1,2]。

程序案例：使用 numpy 包产生矩阵的方法

📄 参考文件：11-5-1-1.py　　✎ 学习重点：array()与 arange()方法的使用

一、程序设计目的

请分别用 numpy 的 array()与 arange()方法，创建并输出矩阵[0 1 2 3 4]，其结果如图 11-8 所示。

```
Console 3/A
x矩阵: [0 1 2 3 4]
y矩阵: [0 1 2 3 4]

In [6]:

Internal console  Pyth
```

图 11-8

二、参考程序代码

行号	程序代码
1	#使用 numpy 生成矩阵
2	import numpy as np
3	x=np.array([0, 1, 2, 3, 4])
4	print('x 矩阵:', x)
5	y=np.arange(0, 5, 1)　　#生成一个矩阵,起始值为 0,结束值为 4,差值为 1
6	print('y 矩阵:', y)

三、程序代码说明

> 第 2 行:导入 numpy 包,重命名为 np。
> 第 3、4 行:用 array()方法创建矩阵。
> 第 5、6 行:调用 arange()方法创建矩阵。

TIPs 用 linspace()方法生成等差数列

linspace()方法的功能主要用于生成等差数列,通常会有 3 个参数,其语法如下:

　　np.linspace(起始值, 终止值, 数列的个数)

以下示例可在 1 到 3 的范围内,生成一个有 3 个值的等差数列:

　　s=np.linspace(1,3,3)
　　print(s)

其执行结果如图 11-9 所示。

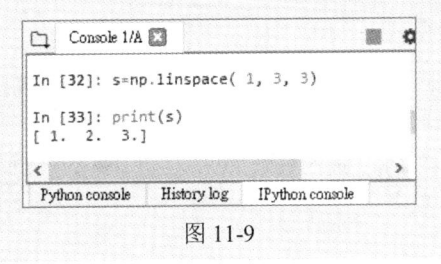

```
Console 1/A
In [32]: s=np.linspace( 1, 3, 3)
In [33]: print(s)
[ 1.  2.  3.]
```

图 11-9

11-5-2　矩阵运算

numpy 包提供了多种矩阵运算,包含矩阵加法、减法、乘法与除法,使用时只需直接将矩阵进行四则运算即可,运算对象可以是常数或矩阵,请参考以下案例。

程序案例:矩阵的运算

参考文件:11-5-2-1.py　　　学习重点:矩阵运算的练习

一、程序设计目的

先创建矩阵 a，其值为[1 2 4 6]，再用 linspace()方法创建矩阵 b，其值为[1. 2. 3. 4.]，对这两个矩阵进行加、减、乘、除运算并输出运算结果，其结果如图 11-10 所示。

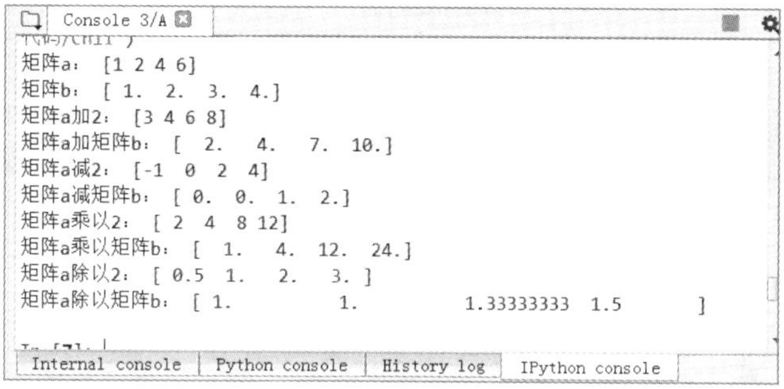

```
矩阵a： [1 2 4 6]
矩阵b： [ 1.  2.  3.  4.]
矩阵a加2： [3 4 6 8]
矩阵a加矩阵b： [  2.   4.   7.  10.]
矩阵a减2： [-1  0  2  4]
矩阵a减矩阵b： [ 0.  0.  1.  2.]
矩阵a乘以2： [ 2  4  8 12]
矩阵a乘以矩阵b： [  1.   4.  12.  24.]
矩阵a除以2： [ 0.5  1.   2.   3. ]
矩阵a除以矩阵b： [ 1.          1.          1.33333333  1.5       ]
```

图 11-10

二、参考程序代码

行号	程序代码
1	#矩阵的运算
2	import numpy as np
3	a = np.array([1, 2, 4, 6])
4	b = np.linspace(1, 4, 4) #建立一个矩阵,在 1 到 4 的范围之间分 4 个数列点
5	print('矩阵 a：',a)
6	print('矩阵 b：',b)
7	print('矩阵 a 加 2：',a+2)
8	print('矩阵 a 加矩阵 b：',a+b)
9	print('矩阵 a 减 2：',a-2)
10	print('矩阵 a 减矩阵 b：',a-b)
11	print('矩阵 a 乘以 2：',a*2)
12	print('矩阵 a 乘以矩阵 b：',a*b)
13	print('矩阵 a 除以 2：',a/2)
14	print('矩阵 a 除以矩阵 b：',a/b)

三、程序代码说明

- ➢ 第 2 行：导入 numpy 包重命名为 np。
- ➢ 第 3 行：用 array()方法创建一个矩阵。
- ➢ 第 4 行：调用 linspace()方法创建一个矩阵。
- ➢ 第 7、8 行：矩阵加法运算。
- ➢ 第 9、10 行：矩阵减法运算。

> 第 11、12 行：矩阵乘法运算。
> 第 13、14 行：矩阵除法运算。

11-5-3 综合运算 matplotlib 与 numpy 来绘制曲线

matplotlib 与 numpy 的综合运算，可以生成具有更多变化的线条图，如曲线线条，请参考以下案例。

程序案例：绘制 y=x^2 曲线

参考文件：11-5-3-1.py   学习重点：numpy 与 matplotlib 的综合运用

一、程序设计目的

综合运用 numpy 与 matplotlib，绘制曲线 y=x^2，要求 x 轴的变化间隔为 2，其结果如图 11-11 所示。

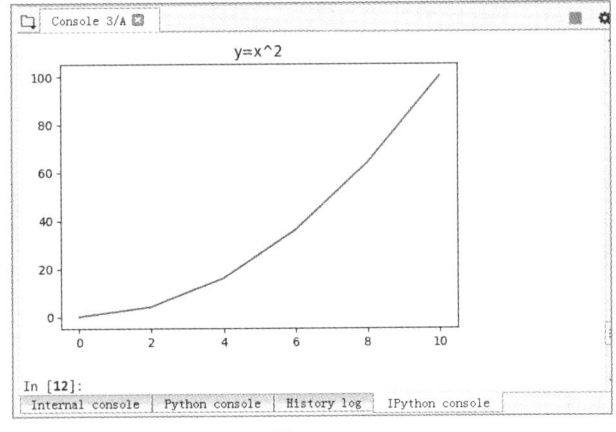

图 11-11

二、参考程序代码

行号	程序代码
1	#绘制 y=x^2 线条
2	import numpy as np
3	import matplotlib.pyplot as plt
4	x = np.arange(0, 11, 0.1) #x 坐标列表，从 0 开始至 10 结束，间隔值为 2
5	y = x*x #y=x 的平方
6	plt.plot(x, y)
7	plt.title("y=x^2")
8	

```
plt.show()
```

三、程序代码说明

> 第 2 行：导入 numpy 包并重命名为 np。
> 第 3 行：导入 matplotlib.pyplot 模块，并重命名为 plt。
> 第 4 行：调用 numpy 包的 arange() 方法，生成从 0 开始、至 9.9 结束、差值为 0.1 的列表，作为 x 坐标列表。
> 第 5 行：此处也可以使用 square()，参考代码为 y = np.square(x)；或者用 power() 方法来求平方，参考代码为 y = np.power(x, 2)，其中第 2 个参数为次方值。
> 第 6 行：调用 plot() 方法生成线条对象。

TIPs 缩小 x 轴的间隔以逼近曲线

观察程序案例 11-5-3.1.py 的输出结果，发现是以 5 个线段连接绘制出来的"曲线"。为了让图形更逼近曲线，我们可以修改 x 轴的间隔值，将间隔值缩小为 0.1 或更小来逼近曲线，其修改的程序代码如下：

```
x = np.arange(0, 10, 0.1)
```

其执行结果如图 11-12 所示。

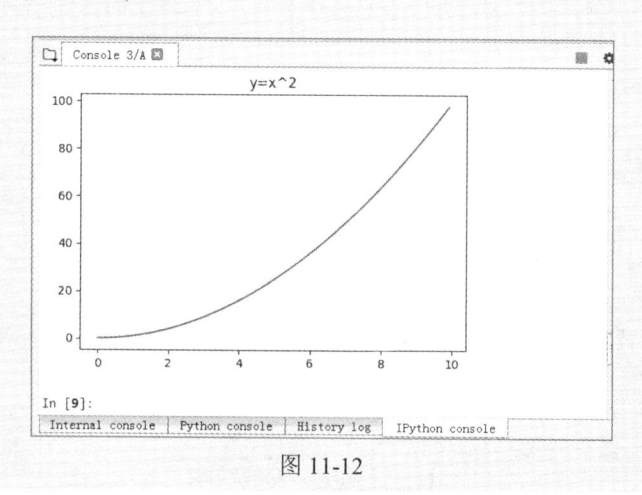

图 11-12

11-6 绘制多图

有时候我们会希望程序能够在同一个窗口内一次绘制多个图，此时可通过 subplot() 方法来实现，其语法如下：

```
plt.subplot(行数, 列数, 编号)
```

> 行数：设置把绘图区域总共分成几行。

➢ 列数：设置把绘图区域总共分成几列。
➢ 编号：设置子图在绘图区域行列表中的位置序号。假如把绘图区域设置为 3 行 3 列，那么每个子图对应的编号如图 11-13 所示。

子图 1	子图 2	子图 3
子图 4	子图 5	子图 6
子图 7	子图 8	子图 9

图 11-13

程序案例：在一个绘图区域中绘制多个图

参考文件：11-6-1.py　　　　学习重点：subplot()方法的运用

一、程序设计目的

在同一个绘图区域中绘制 2 个子图，子图标题分别为 Picture1 和 Picture2，在两个子图中分别绘制直线 y = 2*x 和直线 y = 20-2*x，子图总数设置为 2 行 1 列，其执行结果如图 11-14 所示。

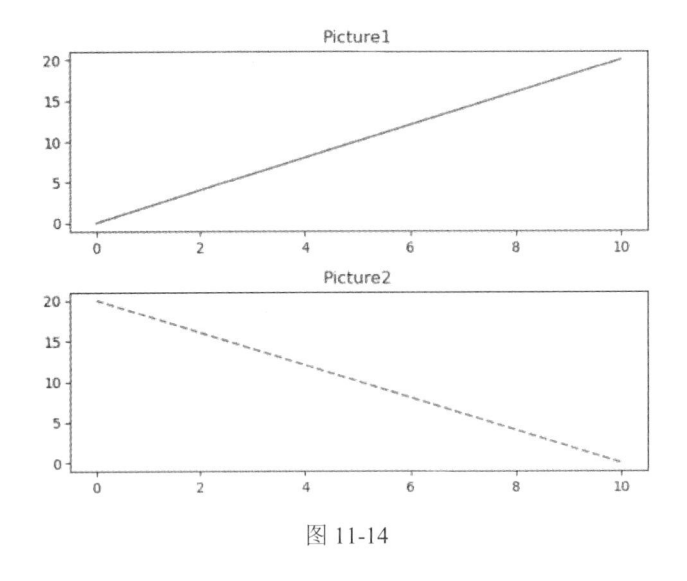

图 11-14

二、参考程序代码

行号	程序代码
1	#在一个绘图区域内绘制多个图

```
2    import numpy as np
3    import matplotlib.pyplot as plt
4    x = np.linspace(0,10,2)
5    y1 = 2*x
6    y2 = 20-2*x
7    plt.subplot(2,1,1)
8    plt.plot(x, y1)
9    plt.title('Picture1')
10   plt.subplot(2,1,2)
11   plt.plot(x, y2, ls='--')    #通过参数 ls 设置线条的样式为虚线
12   plt.title('Picture2')
13   plt.show()
```

三、程序代码说明

➤ 第 7 行：设置子图总数为 2 行 1 列，在行列表中编号为 1 的位置绘制子图

➤ 第 8 行：生成直线 y = 2*x

➤ 第 9 行：将子图的标题设为 Picture1。

TIPs 把绘图区域划分为 1 行 2 列

如果要将 2 个子图左右排列，就可以把绘图区域划分为 1 行 2 列。只需把 subplot()方法按下列代码进行修改即可：

    plt.subplot(1,2,1)
    plt.subplot(1,2,2)

其执行结果如图 11-15 所示。

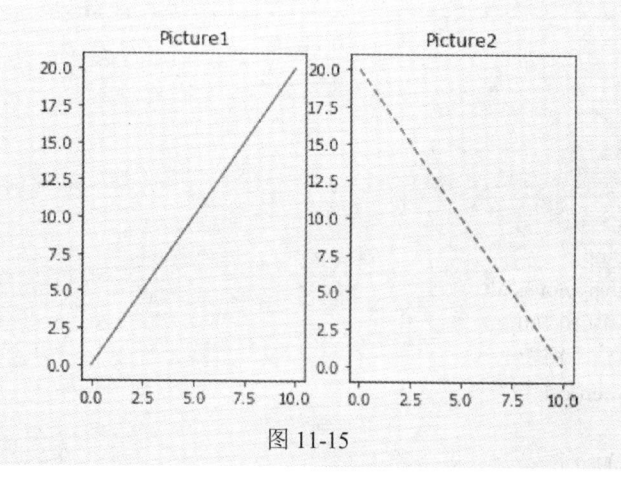

图 11-15

程序案例：在一行内绘制 3 个图

| 参考文件：11-6-2.py | 学习重点：subplot()方法的运用 |

一、程序设计目的

在一个绘图区域内绘制 3 个子图 y=x、y=x^2 与 y=x^3，3 个子图的标题分别为 y=x、y=x^2 与 y=x^3，子图的绘图区域划分为 1 行 3 列，其执行结果如图 11-16 所示。

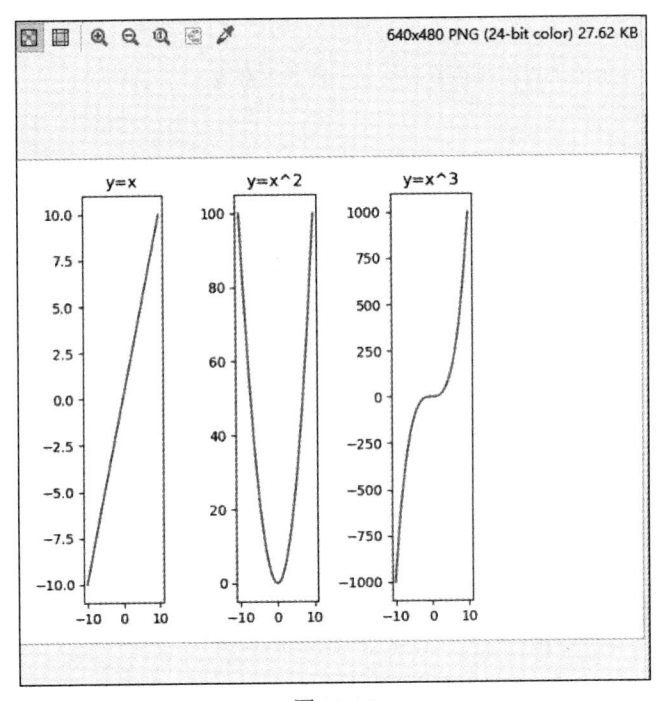

图 11-16

二、参考程序代码

行号	程序代码
1	#在一行中绘制 3 个图
2	import numpy as np
3	import matplotlib.pyplot as plt
4	x = np.linspace(-10,10,100)
5	plt.subplot(1,4,1) #子图表 1
6	plt.plot(x, np.power(x, 1))
7	plt.title("y=x")
8	plt.subplot(1,4,2) #子图表 2
9	plt.plot(x, np.power(x, 2))
10	plt.title("y=x^2")

```
11    plt.subplot(1,4,3) #子图表 3
12    plt.plot(x, np.power(x, 3))
13    plt.title("y=x^3")
14    plt.show()
```

三、程序代码说明

- ➢ 第 4 行：生成一个-10 到 10 之间的包含 100 个数的矩阵。
- ➢ 第 5 行：把绘图区域分为 1 行 3 列，设置第 1 个子图绘制在行列表中的第 1 个位置。
- ➢ 第 6 行：创建第 1 个子图的图形。
- ➢ 第 7 行：为第 1 个子图设置标题。

TIPs python 中 arange()与 linspace()的差别

arange()与 range()类似，其 3 个参数分别为起始值、结束值与间隔值，返回 1 个（不含结束值）的列表，如 np.arange(0, 3, 1)会返回 [0 1 2]。linspace()的 3 个参数分别为起始值、结束值与列表元素的个数，返回的列表包含结束值，且第 3 个参数指定的是列表的元素个数，而不是间隔值，如 np.linspace(0, 2, 3)返回[0 1 2]。

习题

选择题

（　）1. 在 matplotlib.pyplot 中，下列哪一个方法是用来绘制线条的？
   A．plot()　　　　B．pie()　　　　C．arange()　　　　D．subplot()
（　）2. matplotlib 包是几维绘图包？
   A．1D　　　　　B．2D　　　　　C．3D　　　　　　D．4D
（　）3. 在 matplotlib.pyplot 中，可以使用哪个方法显示 y 轴的标签？
   A．label()　　　　B．ylim()　　　　C．ylabel()　　　　D．label_y()
（　）4. np.arange(0, 6, 2)的返回结果是哪个？
   A．[1, 3, 5]　　　B．[0, 2, 4, 6]　　　C．[0, 6]　　　　　D．[0, 2, 4]
（　）5. 在 matplotlib.pyplot 模块中，要改变线条类型，需要修改哪一个参数？
   A．linewidth　　　B．style　　　　C．linestyle　　　　D．label

12 图片处理与生成可执行文件

Python 语言最早是通过 PIL（Python Imaging Library）来完成对图片的操作与渲染，后来 PIL 停止开发与维护，则转由第三方包 pillow 来进行图片的处理，如图片的读取、转换、旋转、滤镜等。

12-1　pillow 包的安装

由于 pillow 属于第三方的包，所以在导入之前，需要先通过 pip 命令安装该包，安装 pillow 包的步骤如下：

Step1　打开命令行窗口。

Step2　在提示符号下输入"pip install pillow"，如图 12-1 所示。

图 12-1

Step3　安装程序会检查是否有更新版本，如果发现新版 pillow 包，则会自动下载。接着输入"python －m pip install －-upgrade pip"命令，如图 12-2 所示。

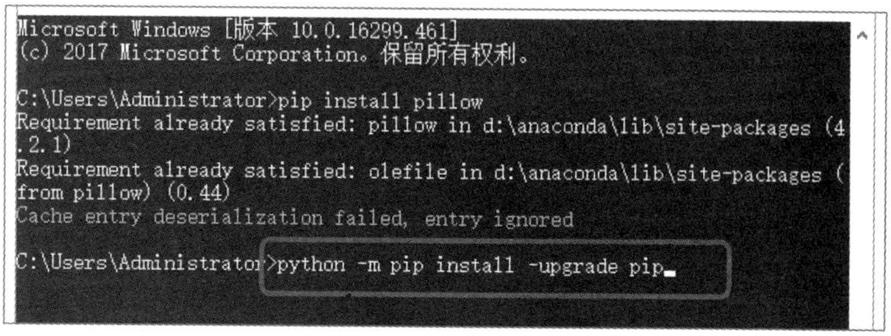

图 12-2

Step4 顺利完成更新安装，如图 12-3 所示。

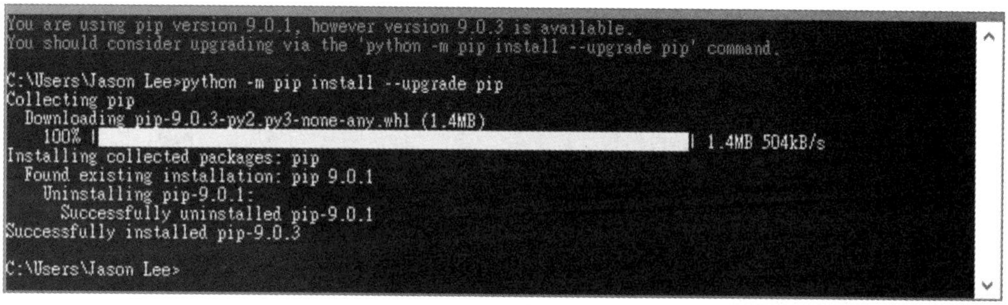

图 12-3

Step5 可以输入"pip show pillow"命令来查看 pillow 版本信息，如图 12-4 所示。

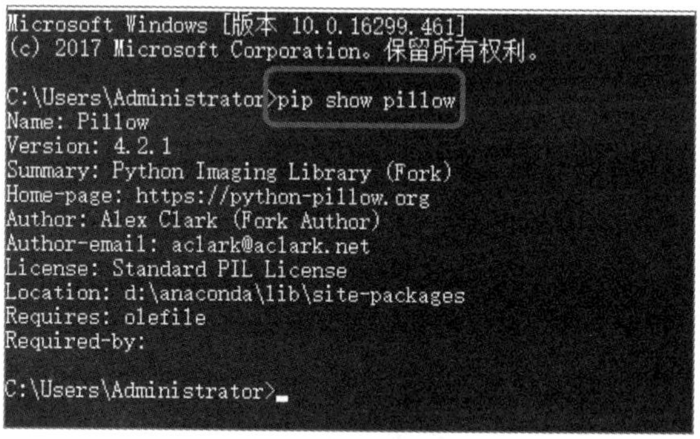

图 12-4

12-2 pillow 包的功能

pillow 包继承了 PIL 的相关功能，所以导入 pillow 包时仍使用 PIL 的名，比如，导入 pillow 包的 Image 模块的语法如下：

from PIL import Image

导入 pillow 包 Image 模块后，要打开图片的语法如下：

Image.open(图片完整名称)

打开图片后，显示图片的语法如下：

图片名称.show()

12-2-1 图片属性

图片是 pillow 包的主要处理对象，其常见的属性见表 12-1。

表 12-1

属性	说明
Image.width	图片宽度（以像素为单位）
Image.height	图片高度（以像素为单位）
Image.format	图片文件格式
Image.mode	图片色彩模式，包括黑白模式（值为 1）、灰度模式（值为 L）、RGB 模式（值为 RGB）、CMYK 模式（值为 CMYK）
Image.size	图片大小，其返回值是图片的宽度与高度

程序案例：打开图片并显示常见属性

参考文件：12-2-1-1.py　　　　　　学习重点：图片的属性

一、程序设计目标

打开示例图片文件 skytree.jpg(本文件位于当前程序文件所在目录)，并且使用 show()方法来显示该图片，如图 12-5 所示。

图 12-5

另外，使用 print()函数输出图片的常见属性，如图片的宽度、高度、文件格式、色彩模式与图片大小，如图 12-6 所示。

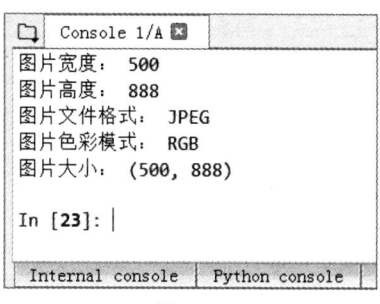

```
图片宽度： 500
图片高度： 888
图片文件格式： JPEG
图片色彩模式： RGB
图片大小： (500, 888)

In [23]:
```

图 12-6

二、参考程序代码

行号	程序代码
1	#打开图片并显示常见属性
2	from PIL import Image
3	pic=Image.open('skytree.jpg')
4	print('图片宽度：',pic.width)
5	print('图片高度：',pic.height)
6	print('图片文件格式：',pic.format)
7	print('图片色彩模式：',pic.mode)
8	print('图片大小：',pic.size)
9	pic.show()

三、程序代码说明

- ➢ 第 2 行：导入 pillow 包的 Image 模块。
- ➢ 第 3 行：使用 open()方法打开 skytree.jpg 文件，并将图片保存到对象变量 pic 中。
- ➢ 第 4 行：输出 pic 图片的宽度。
- ➢ 第 5 行：输出 pic 图片的高度。
- ➢ 第 6 行：输出 pic 图片的图片格式。
- ➢ 第 7 行：输出 pic 图片的色彩模式。
- ➢ 第 8 行：输出 pic 图片的大小 size。
- ➢ 第 9 行：使用 show()方法来显示图片。

12-2-2 改变图片色彩模式

我们可以用 Image 模块的 convert()方法来更改图片的色彩模式，其语法如下：

图片名称.convert('色彩模式代码')

程序案例：转换图片的色彩模式并显示其相关属性	
参考文件：12-2-2-1.py	学习重点：转换图片色彩模式

一、程序设计目标

打开示例图片文件 skytree.jpg（位于当前程序所在的文件夹中），并且使用 convert()方法把该图片转换为灰度模式，转换后的效果如图 12-7 所示。

图 12-7

然后用 print()函数输出图片原来的色彩模式，以及转换后的色彩模式，如图 12-8 所示。

图 12-8

二、参考程序代码

行号	程序代码
1	#把彩色图片转换为灰度图片
2	from PIL import Image
3	pic=Image.open('skytree.jpg')
4	print('图片原来的色彩模式：',pic.mode)
5	new_pic=pic.convert('L')
6	new_pic.show()
7	print('转换后的色彩模式：',new_pic.mode)

三、程序代码说明

➢ 第 5 行：使用 convert()方法把 pic 图片对象的色彩模式转换为灰度模式，并将转换后的结果保存到图片对象变量 new_pic 中。

➢ 第 6 行：使用 show()方法来显示转换后的图片。

➢ 第 7 行：输出转换后的图片色彩模式。

TIPs 使用 save()方法保存转换后的图片

我们可以使用 save()方法来保存转换后的图片文件，其语法如下：

图片对象名称.save('图片文件完整名称 ')

12-2-3 图片旋转

通过 Image 模块的 rotate()方法可以实现图片的旋转，其参数值若为正，表示以逆时针旋转，反之则顺时针旋转，其语法如下：

图片名称.rotate(旋转角度)

程序案例：把图片分别按逆时针和顺时针旋转 30 度

参考文件：12-2-3-1.py　　　　学习重点：rotate()方法的练习

一、程序设计目标

打开示例图片文件 skytree.jpg（位于当前程序所在的文件夹），先用 rotate()方法把该图片逆时针旋转 30 度，如图 12-9 所示。

再把原图片按顺时针旋转 30 度，如图 12-10 所示。

图 12-9   图 12-10

二、参考程序代码

行号	程序代码
1	#逆时针与顺时针旋转图片 30 度
2	from PIL import Image
3	pic=Image.open('skytree.jpg')
4	new_pic=pic.rotate(30) #逆时针旋转
5	new_pic.show()
6	new_pic2=pic.rotate(-30) #顺时针旋转
7	new_pic2.show()

三、程序代码说明

> 第 4 行：旋转的角度为正值时，为逆时针旋转。
> 第 6 行：旋转的角度为负值时，为顺时针旋转。

12-2-4 图片滤镜

pillow 包中，通过 ImageFilter 模块下的 filter()方法可以实现为图片加滤镜的效果，使用滤镜效果前要先导入 ImageFilter 模块，其导入语法如下：

from PIL import ImageFilter

导入 ImageFilter 模块后，使用滤镜的语法如下：

图片名称.filter(ImageFilter.滤镜)

常见的滤镜效果见表 12-2。

表 12-2

滤镜	说明
BLUR	使图片变得模糊
CONTOUR	留下图片轮廓线条
DETAIL	使图片细节明显
EDGE_ENHANCE	使图片的边缘增强
SMOOTH	使图片更加平滑
SHARPEN	使图片更加锐利

程序案例：滤镜效果的应用

参考文件：12-2-4-1.py　　学习重点：filter()方法的练习

一、程序设计目标

打开示例图片文件 skytree.jpg，用 filter()方法为其添加"轮廓"滤镜效果，其效果如图 12-11 所示。

图 12-11

二、参考程序代码

行号	程序代码
1	#为图片添加"轮廓"滤镜
2	from PIL import Image

```
3    from PIL import ImageFilter
4    pic=Image.open('skytree.jpg')
5    new_pic=pic.filter(ImageFilter.CONTOUR) #轮廓滤镜
6    new_pic.save('12-2-4-1_pic.jpg') #保存
7    new_pic.show()
```

三、程序代码说明

> 第 2 行：导入 pillow 包的 Image 模块。
> 第 3 行：导入 pillow 包的 ImageFilter 模块。
> 第 5 行：用 filter()方法的 ImageFilter.CONTOUR 指令将滤镜效果应用在图片上。
> 第 6 行：将添加滤镜后的图片保存为 12-2-4-1_pic.jpg。

12-2-5 图片的缩放

通过 Image 模块中的 resize()方法可以实现图片的缩放，其语法如下：

图片名称.resize((指定宽度,指定高度))

程序案例：缩放图片并保存

参考文件：12-2-5-1.py　　学习重点：resize()方法的练习

一、程序设计目标

打开示例图片文件 skytree.jpg（位于当前程序所在的文件夹内），用 resize()方法将图片缩放为宽高各为 400 像素，并且把文件另存为 skytree_resize.jpg，缩放后的效果如图 12-12 所示。

图 12-12

Chapter 12　图片处理与生成可执行文件 | 251

然后，输出原图大小与缩放后的图片大小，其结果如图 12-13 所示。

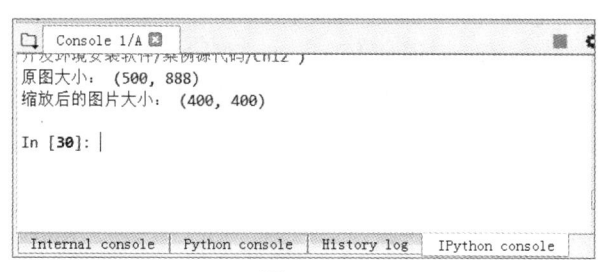

图 12-13

二、参考程序代码

行号	程序代码
1	#缩放图片并保存
2	from PIL import Image
3	pic=Image.open('skytree.jpg')
4	print('原图大小：',pic.size)
5	new_pic=pic.resize((400,400)) #缩放图片
6	print('缩放后的图片大小：',new_pic.size)
7	new_pic.save('skytree_resize.jpg') #保存
8	new_pic.show()

三、程序代码说明

➢ 第 5 行：使用 resize()方法将图片缩放成(400,400)，并保存到图片对象变量 new_pic 中。

➢ 第 7 行：使用 save()方法把新图片另存为 skytree_resize.jpg。

12-2-6　向图片指定位置添加文字

为图片配上文字需要用到 pillow 的 3 个模块：Image、ImageFont 与 ImageDraw。

通过 ImageFont 的 truetype()方法，可以控制文字的字体与大小，语法如下：

ImageFont.truetype('字体文件路径', 文字大小)

通过 ImageDraw 的 Draw()方法，可以为指定的图片创建 ImageDraw.Draw 对象，以便用 text() 方法为图片添加文字，语法如下：

ImageDraw.Draw.text(xy, text, font, fill)

➢ xy：设定文字在图片上的坐标值，例如(50,60)表示以图片左上角为原点、向右 50 像素向下 60 像素的位置。

➢ text：需要向图片上添加的文字。

➢ font：设定所要添加的文字的字体与大小。

Python 基础案例教程（基于计算思维）

> fill：设定文字的颜色。颜色采用四位 0～255 的数字来表示，其格式为（红色色值，绿色色值，蓝色色值，透明度）。例如，（255，0，0，255）表示红色不透明文字。

程序案例：为图片添加文字

参考文件：12-2-6-1.py   学习重点：ImageFont 与 ImageDraw 的功能

一、程序设计目标

打开示例文件 skytree.jpg，向相对于该图片左上角(50，50)的位置添加文字。文字的字体为 arial.ttf，文字大小为 50，颜色为红色，文字内容为"TOKYO。

然后再向相对于该图片左上角(50，100)的位置添加文字。文字的字体为 arial.ttf，文字大小为 50，颜色为绿色，文字内容为"SkyTree"。程序执行结果如图 12-14 所示。

图 12-14

二、参考程序代码

行号	程序代码
1	#向图片指定位置添加文字
2	from PIL import Image, ImageFont, ImageDraw

```
3    pic=Image.open('skytree.jpg')
4    t_font=ImageFont.truetype('C:\\Windows\\Fonts\\Arial\\arial.ttf',50)
5    draw=ImageDraw.Draw(pic) #创建 ImageDraw.Draw 对象并保存至变量 draw
6    draw.text((50,50),'TOKYO',font=t_font,fill=(255,0,0,255))
7    draw.text((50,100),'SkyTree',font=t_font,fill=(0,255,0,255))
8    pic.show()
```

三、程序代码说明

- ➢ 第 2 行：导入 pillow 包的 Image 模块、ImageFont 模块与 ImageDraw 模块。
- ➢ 第 4 行：使用 ImageFont 的 truetype()方法，设定使用 Windows 自带的 arial.ttf 字体，文字大小为 50，并将设置结果指定给对象变量 t_font。
- ➢ 第 5 行：将 ImageDraw.Draw 对象指定给对象变量 draw。
- ➢ 第 6 行：用对象 draw 的 text()方法，向相对图片对象 draw 左上角（50，50）的位置添加文字"TOKYO"。
- ➢ 第 7 行：用对象 draw 的 text()方法，向相对图片对象 draw 左上角（50，100）的位置添加文字"SkyTree"。

12-2-7 新建空白图片

通过 Image 模块的 new()方法，可以新建一个空白图片，其语法如下：

Image.new(色彩模式, 图片大小, 颜色)

- ➢ 色彩模式：可选值有"1"（黑白模式），"L"（灰度模式）、"RGB"（三原色模式）、"CMYK"（印刷色模式）。
- ➢ 图片大小：设置图片的宽度与高度。例如，(500，300)表示要新建一个宽度为 500 像素、高度为 300 像素的图片。
- ➢ 颜色：设置图片的底色，其格式为"#RRGGBB"，其中 6 位 16 进位数值中的 RR 表示红色色值、GG 表示绿色色值、BB 表示蓝色色值。三种色值通过叠加，可以呈现出不同的 RGB 色彩。例如，#FF0000 表示红色。

程序案例：新建 300x200 的黄色图片并保存

参考文件：12-2-7-1.py   学习重点：new()方法的练习

一、程序设计目标

用 new()方法新建一个 300×200 的黄色图片，并且保存为文件 12-2-7-1_pic.jpg，如图 12-15 所示。

图 12-15

二、参考程序代码

行号	程序代码
1	#新建一个 300×200 的黄色图片并保存为文件
2	from PIL import Image, ImageDraw
3	pic=Image.new('RGB', (300,200), '#FFFF00') #生成图片对象
4	ImageDraw.Draw(pic) #创建图片
5	pic.save('12-2-7-1_pic.jpg') #保存
6	pic.show()

三、程序代码说明

> 第 3 行：用 new()方法创建图片对象，设置图片的色彩模式为 RGB，大小为 300×200。#FFFF00中，第一个 FF 表示 RR=FF，即红色值为 FF(最饱和的红色)；第二个 FF 表示 GG=FF（最饱和的绿色）；00 表示 BB=00(不含蓝色)。RGB 属于自然光三原色，其色值的叠加遵循减色法则，饱和的红色与饱和的绿色叠加，结果就是饱和的黄色。

> 第 5 行：使用 save()方法将新图片保存为 12-2-7-1_pic.jpg。

12-3 使用 ImageDraw 绘图

ImageDraw 提供了多种绘制几何图形的方法，包括绘制线段的方法 line()、绘制矩形的方法

rectangle()、绘制椭圆的方法 ellipse()、绘制弧线的方法 arc()、绘制扇形的方法 pieslice()等，相关说明如下。

12-3-1 线段绘制方法 line()

绘制线段时，采用的参照系是直角坐标系，原点(0, 0)位于绘图区域的左上角。对于其中的任意点(x, y)，要求必须是整数，如图 12-16 所示。

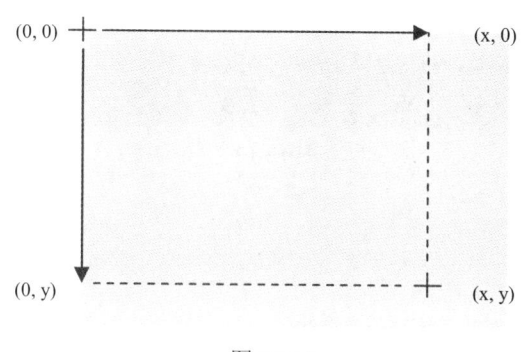

图 12-16

用 ImageDraw 绘制线段的语法如下：

draw.line((x1,y1,x2,y2), fill)

- ➢ （x1，y1，x2，y2）：x1、y1 表示线段起点坐标，x2、y2 表示线段终点坐标。(50，50，250，250)表示从点(50，50)至点(250，250)的线段。
- ➢ fill：设置线的颜色。颜色用 4 个 0～255 的数字来表示，其格式为（红，绿，蓝，透明度）。例如，（255，0，0，255）表示不透明的红色。

程序案例：新建一个 500×300 的图片并绘制线段

参考文件：12-3-1-1.py　　　学习重点：line()方法的运用

一、程序设计目标

用 Image 的 new()方法新建一个 500×300 的黄色图片，在图片上绘制一条从点(50,50)到点(250,250)的红色线段，结果如图 12-17 所示。

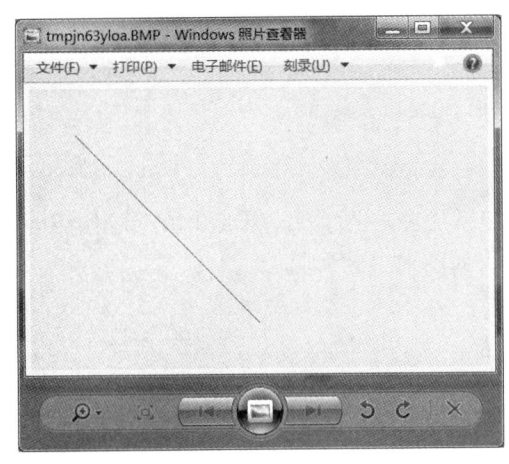

图 12-17

二、参考程序代码

行号	程序代码
1	#新建一个 500×300 的图片并绘制一条直线
2	from PIL import Image, ImageDraw
3	pic=Image.new('RGB', (500,300),'#FFFF00')
4	draw=ImageDraw.Draw(pic) #用 Draw()方法创建一个对象并保存到绘图对象变量 draw。
5	draw.line((50,50,250,250),fill=(255,0,0,255))
6	pic.show()

三、程序代码说明

> 第 2 行：导入 pillow 包的 Image 模块与 ImageDraw 模块。

> 第 3 行：用 new()方法新建图片，设置图片的色彩模式为 RGB，大小为 500×300，颜色值设为#FFFF00（黄色）。

> 第 4 行：用 Draw()方法生成绘图对象，并保存到对象变量 draw 中。

> 第 5 行：使用 line()方法在对象 draw 上画线段。设置起点坐标为(50，50)，终点坐标为(250，250)，线段颜色为红色。

12-3-2 矩形绘制方法 rectangle()

在 ImageDraw 模块中绘制矩形的语法如下：

draw.rectangle(（x1,y1,x2,y2）, fill)

> （x1，y1，x2，y2）：x1、y1 表示矩形对角线起点坐标，x2、y2 表示矩形对角线终点坐标。例如：(50，50，500，100)表示从点(50，50)至点(500，100)的矩形。

> fill：设定矩形的颜色，颜色用 4 个 0~255 的数值来表示，其格式为（红，绿，蓝，透明

度)。例如,(255,0,0,255)表示不透明红色矩形。

程序案例:建立 500×300 图片并绘制矩形

参考文件:12-3-2-1.py   学习重点:rectangle()函数

一、程序设计目标

用 Image 模块的 new()方法新建一个 500×300 的白色图片,在图片上绘制一个范围从(50,50)到(450,250)的红色矩形,执行结果如图 12-18 所示。

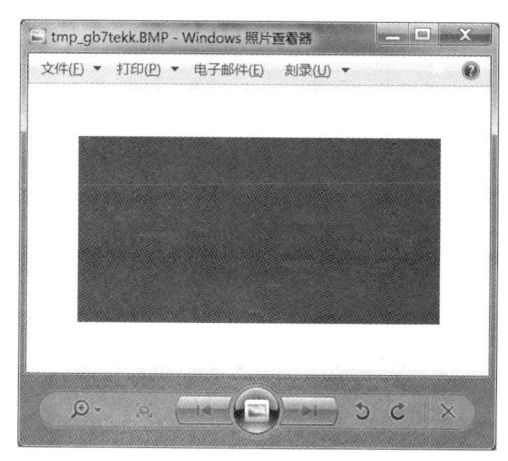

图 12-18

二、参考程序代码

行号	程序代码
1	#新建一个 500×300 的图片并绘制矩形
2	from PIL import Image, ImageDraw
3	pic=Image.new('RGB', (500,300),'#FFFFff')
4	draw=ImageDraw.Draw(pic) #用 Draw()方法生成绘图对象,并保存到对象变量 draw 中
5	draw.rectangle((50,50,450,250),fill=(255,0,0,255))
6	pic.show()

三、程序代码说明

➢ 第 5 行:使用对象 draw 的 rectangle()方法绘制矩形。

12-3-3 绘制椭圆的方法 ellipse()

在 ImageDraw 模块中绘制椭圆的语法如下:

draw.ellipse(xy, fill)

> xy：椭圆的绘制起点及绘制终点坐标（这两个点实际是椭圆外接矩形的对角线的两个端点）。例如，(50，50，300，200)表示从点(50，50)至点(300，200)的椭圆。
> fill：设定椭圆的颜色。颜色为 4 个 0～255 的数值来表示，其格式为（红，绿，蓝，透明度），例如，（255，0，0，255）表示不透明的红色椭圆。

程序案例：新建一个 500×300 的图片并绘制矩形与椭圆

参考文件：12-3-3-1.py   学习重点：ellipse()方法

一、程序设计目标

用 Image 模块的 new()方法新建一个 500×300 的白色图片，在图片上绘制一个从(50,50)到(450,250)的红色矩形，再绘制一个从(50，50)到(450，250)的蓝色椭圆（椭圆正好内接于矩形）。结果如图 12-19 所示。

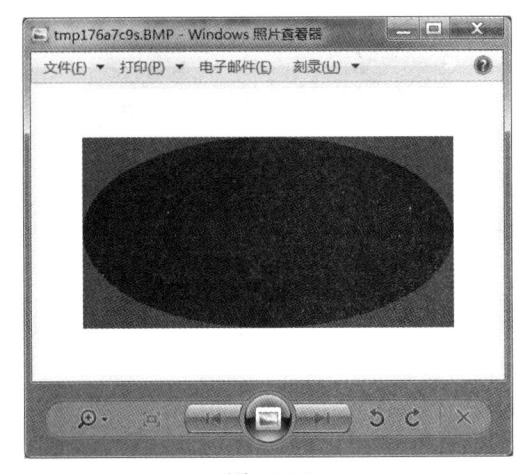

图 12-19

二、参考程序代码

行号	程序代码
1	#新建一个 500×300 的图片并绘制矩形与椭圆
2	from PIL import Image, ImageDraw
3	pic=Image.new('RGB', (500,300),'#FFFFFF')
4	draw=ImageDraw.Draw(pic) #用 Draw()方法创建绘图对象，并保存到对象变量 draw 中
5	draw.rectangle((50,50,450,250),fill=(255,0,0,255))
6	draw.ellipse((50,50,450,250),fill=(0,0,255,255))
7	pic.show()

三、程序代码说明

> 第 6 行：用 ellipse()方法在对象 draw 上绘制蓝色椭圆。

12-3-4 绘制弧线的方法 arc()

在 ImageDraw 模块中绘制弧线的语法如下：

draw.arc(xy, start, end, fill)

> xy：设置弧线所在的椭圆的外接矩形的对角线的起点与终点坐标（参照坐标系是以该矩形的左上角为原点、以该矩形的水平上边缘为 *x* 轴的坐标系）。例如，(50，50，250，250) 表示以线段(50，50)至(250，250)作为对角线的矩形。
> start：弧线的起始点角度，即弧线起点至坐标原点的连线与 *x* 轴的夹角（参照坐标系是指以上述矩形的中心为原点、以该矩形的水平对称轴为 *x* 轴的坐标系）。
> end：弧线的终点角度，即弧线终点至坐标原点的连线与 *x* 轴形成的夹角（参照坐标系是指以上述矩形的中心为原点、以该矩形的水平对称轴为 *x* 轴的坐标系）。
> fill：设置弧线的颜色，颜色的色值用 4 个 0～255 的数字来表示，其格式为（红，绿，蓝，透明度）。例如，（255，0，0，255）表示不透明的红色弧线。

上述弧线起点与终点的角度值，皆以 *x* 轴开始，以顺时针方向旋转为正值如图 12-20（a）所示。

例如，起点角度为 0、终点角度为 90 的弧线如图 12-20（b）所示。

起点角度为 180，终点角度为 270 度的弧线如图 12-20（c）所示。

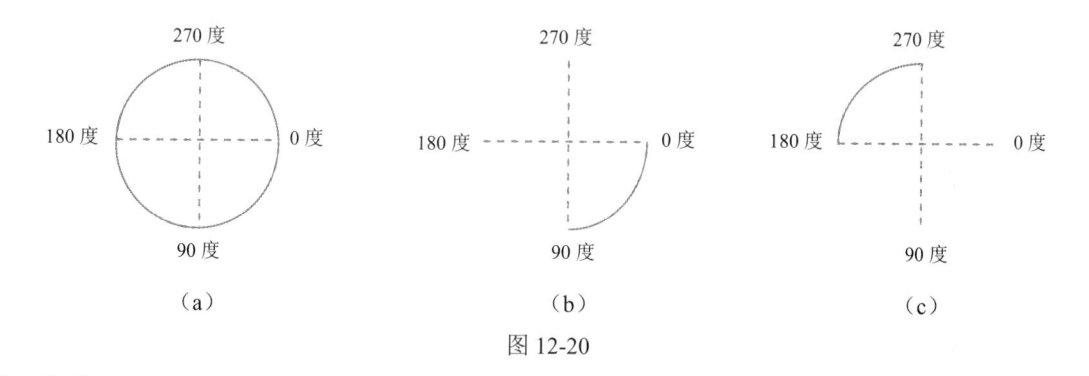

图 12-20

程序案例：新建一个 500×300 的图片并绘制弧线

参考文件：12-3-4-1.py　　学习重点：arc()方法

一、程序设计目标

用 Image 模块的 new()方法创建一个 300×300 的黄色图形，并在图形上绘制一个以线段(0，0)至(300,300)为对角线的矩形的内切椭圆上，绘制出 0 度到 225 度间的黑色弧线，执行结果如图 12-21 所示。

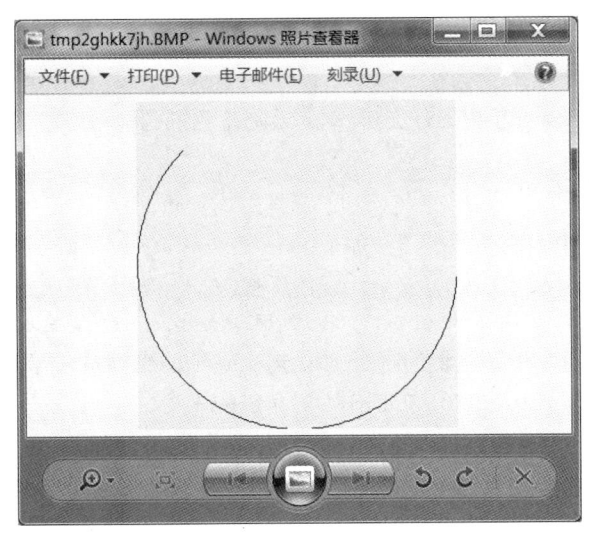

图 12-21

二、参考程序代码

行号	程序代码
1	#新建一个 300×300 的图片并绘制弧线
2	from PIL import Image, ImageDraw
3	pic=Image.new('RGB', (300,300),'#FFFF00')
4	draw=ImageDraw.Draw(pic) #创建绘图对象,并保存到对象变量 draw 中
5	draw.arc((0,0,300,300),0,225,fill=(0,0,0,255))
6	pic.show()

三、程序代码说明

➢ 第 5 行:使用 arc()方法在 draw 对象上绘制出指定弧线。

TIPs 绘制弦的方法 chord()

绘制弦与绘制弧线的方法非常相似,区别在于,弦是指弧线的起点至终点的线段与弧线本身围成的一个图形,案例 12-3-4-1.py 中,只要将第 5 行的代码换成如下代码,就可绘制出弦的图形:

draw.chord((0,0,300,300),0,225,fill=(0,0,0,255))

参考文件:12-3-4-2.py

其执行结果如图 12-22 所示。

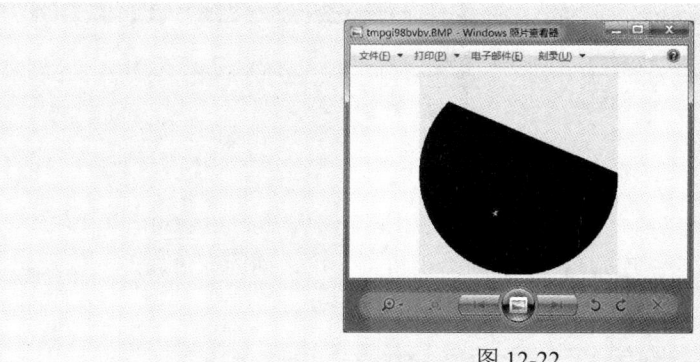

图 12-22

12-3-5　绘制扇形的方法 pieslice()

在 ImageDraw 模块中绘制扇形的语法如下：

draw.pieslice(xy, start, end, fill)

> *xy* 坐标：设置扇形弧线所在的椭圆的外接矩形的对象线的起点与终点坐标（参照坐标系是以该矩形的左上角为原点、以该矩形的水平上边缘为 *x* 轴的坐标系）。例如，(50，50，250，250)为以线段(50，50)至(250，250)为对角线的矩形。

> start 角度：简称起始角，表示扇形弧线起点相对于坐标原点的角度（参照坐标系是在上述矩形中心点为原点，其水平对称轴为 *x* 轴的坐标系）。

> end 角度：简称终止角，表示定扇形弧线终点相对于坐标原点的角度（参照坐标系是在上述矩形中心点为原点，其水平对称轴为 *x* 轴的坐标系）。

> fill 填色：设定扇形的颜色，用 4 个 0~255 的数字来表示，其格式为（红，绿，蓝，透明度）。例如，（255，0，0，255）代表不透明的红色扇形。

例如，图 12-23（a）为起始角为 0、终止角为 90 度的扇形。

图 12-23（b）为起始角为 180 度、终止角为 270 度的扇形。

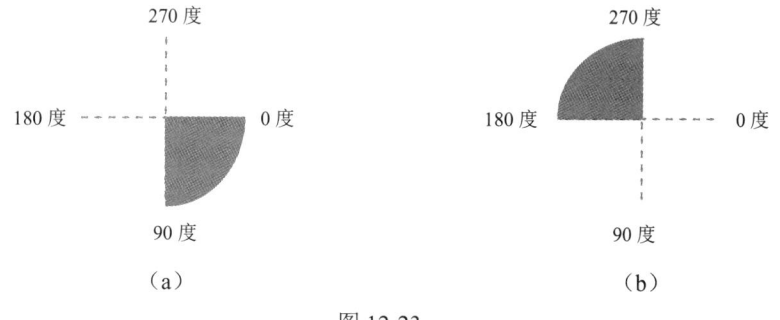

图 12-23

程序案例：新建 300×300 图片并绘制扇形

📄 参考文件：12-3-5-1.py 📝 学习重点：pieslice()方法

一、程序设计目标

用 Image 模块的 new()方法新建一个 300×300 的黄色图形，然后在以线段(50，50)到(250，250)为对角线的矩形的内切椭圆上，绘制起始角 45 度到终止角 135 度之间的绿色扇形，以及起始角 225 度到终止角 315 度之间的蓝色扇形，执行结果如图 12-24 所示。

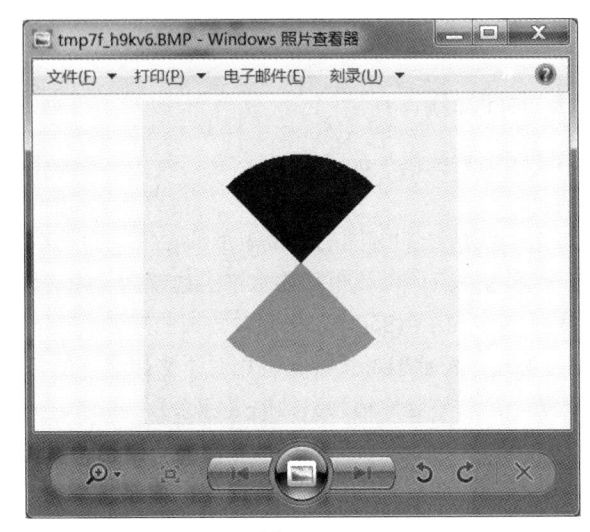

图 12-24

二、参考程序代码

行号	程序代码
1	#新建一个 300×300 的图片并绘制扇形
2	from PIL import Image, ImageDraw
3	pic=Image.new('RGB', (300,300),'#FFFF00')
4	draw=ImageDraw.Draw(pic) #用 Draw()方法生成绘图对象，并保存到对象变量 draw 中
5	draw.pieslice((50,50,250,250),45,135,fill=(0,255,0,255))
6	draw.pieslice((50,50,250,250),225,315,fill=(0,0,255,255))
7	pic.show()

三、程序代码说明

➢ 第 5 行：绘制绿色扇形。

➢ 第 6 行：绘制蓝色扇形。

TIPs 弦与扇形的区别

用直线连接起弧的起点与终点，该直线与对应的弧线构成一个区域，这个区域被定义为弦；以中心点分别与弧的起点及终点以直线连接，这两条直线与对应的弧围成一个区域，这个区域此处定义为扇形。

12-4 生成可执行文件

我们知道，不是每台计算机都装有 Python 开发环境，如果要在没有 Python 开发环境的计算机上运行 Python 程序，可以把 Python 程序文件打包成.exe 可执行文件。

可执行文件的创建程序如下：

Step1　在开始菜单中选择"Anaconda Prompt"选项，进入 python 命令行模式，如图 12-25 所示。

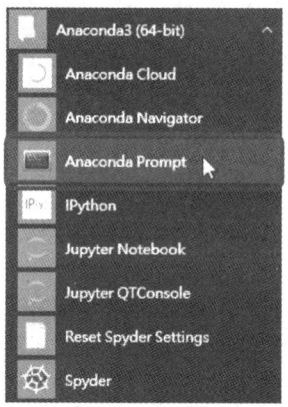

图 12-25

Step2　在命令行中，输入安装 pyinstaller 包的指令（pip install https://github.com/pyinstaller/pyinstaller/archive/develop.zip），如图 12-26 所示。

图 12-26

Step3　pyinstaller 包安装完成后的界面如图 12-27 所示。

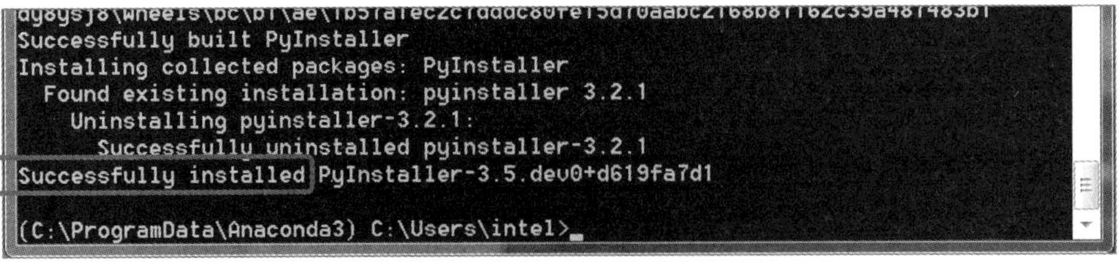

图 12-27

Step4 创建可执行文件的语法如下：

pyinstaller -F 文件名称.py

此处我们以第 1 章中的案例文件 1-3-3.py 为例，把该文件打包成可执行文件。首先，我们在命令行把当前目录切换到该文件所在的目录，然后输入命令"pyinstaller －F 1-3-3.py，如图 12-28 所示。

图 12-28

Step5 程序开始自动为 1-3-3.py 生成可执行文件。如果成功，则会出现如图 12-29 所示的提示信息。

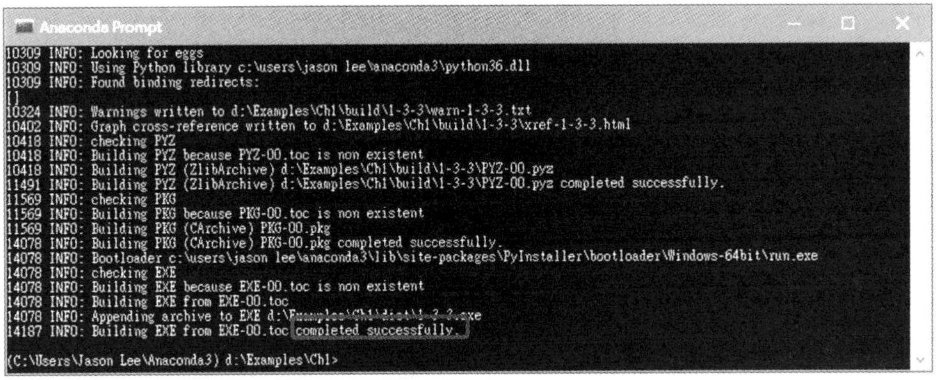

图 12-29

Step6 浏览 1-3-3.py 所在的目录，会出现几个文件夹与文件，如图 12-30 所示。

Step7 所生成的可执行文件，就位于 dist 文件夹中。打开该文件夹，双击 1-3-3.exe，该文件就可以直接运行，如图 12-31 所示。该文件即使在没有安装 Python 开发环境的计算机环境中，也能够执行。

图 12-30

图 12-31

习题

选择题

（ ）1. 在 pillow 包中，通过哪个属性可以获得图片的大小？
   A．mode   B．size   C．format   D．height

（ ）2. 在 pillow 包中，为图片加滤镜效果需使用下述哪个方法？
   A．resize()   B．filter()   C．convert()   D．rotate()

（ ）3. 在 pillow 包中，要新建空白图片需要使用哪个方法？
   A．open()   B．empty()   C．blank()   D．new()

(　　) 4. 下列哪个方法可以绘制椭圆？
  A．rectangle() B．line() C．ellipse() D．pieslice()

(　　) 5. arc()方法中，下面哪组角度参数的设置可以绘制出图 12-32 中所示图形？

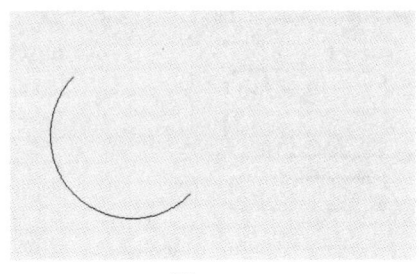

图 12-32

  A．45,225 B．0,180 C．90,270 D．120,300

习题答案

1 Python 简介与开发环境安装

问答题

1. 低级语言执行效率高，对于计算机硬件的控制能力也较强；其缺点是难以开发、阅读、除错与维护。高级语言是叙述性的语言，其语法与人类的自然语言较为相似，因此较容易开发、阅读、除错与维护，但其对于硬件的控制能力较差且执行效率也不及低级语言。

2.
> - 免费且开源：Python 是免费且开放源码的程序语言，用户可以在规则之下自由使用或修改其源码。
> - 简单易学：Python 的语法简单，比较易学，初学者的入门门坎比 C 或 C++语言低。
> - 可移植性较高：使用 Python 语言编写的程序，很容易移植到不同的操作系统平台，具有高可移植性（Portability）。也就是说，Python 语言的可移植性高，在某一个操作系统下开发的程序，可以在少量修改或完全不修改的情况下，顺利地移植到另一个操作系统里使用。
> - 丰富的第三方套件：Python 语言能使用许多第三方所开发的套件，可极大提高开发效率并丰富了 Python 可以实现的功能类型。

3. 语言翻译器共分 3 种，分别是汇编器（Assembler）、编译器（Compiler）及解释器（Interpreter），其示意图如下所示。

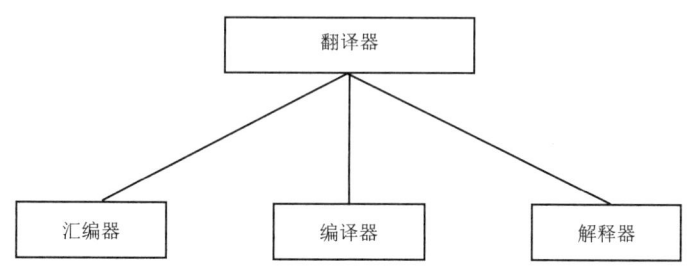

```
              翻译器
           /    |    \
      汇编器   编译器   解释器
```

2 变量、数据类型与输入输出

选择题

1. C   2. B   3. D   4. A   5. C   6. D   7. D
8. A   9. C   10. B   11. A   12. C   13. C

问答题

1. 答：变量是一个内存空间的数据存放区，它可以存放各种不同类型的数据。在 Python 语言中，变量的数据类型除了整型（int）之外，还有浮点型（float）、字符串型（str）、布尔型（boolean）等数据类型。

2．答：在 Python 中，为变量赋值的过程很简单，变量无需声明，直接就可以为变量赋值，其赋值（assign）的语法为：

    变量名称=变量值

例如，把变量 a 的值赋为 5，其语法如下：

    a = 5

3．答：当某些变量不再使用时，我们可以用 del 命令将变量删除（翻译），以节省内存空间，其语法如下：

    del 变量名称

4．答：print (项目 1[, 项目 2, ..., sep = 分隔符, end = 结束符])

5．答：变量= input ("提示信息")

3　运算符与表达式

🔻 判断题 ✓

1．×　2．✓　3．×　4．✓　5．×

🔻 选择题

1．B　2．B　3．B　4．B　5．D　6．C　7．D　8．C

4　流程图与判断结构

🔻 选择题

1．C　2．B　3．A　4．C　5．D　6．B　7．B

🔻 问答题

1．答：

名称	符号	意义
开始或结束符号	（圆角矩形）	表示流程的开始或结束
流程符号	（箭头）	表示程序流程进行的方向
程序处理符号	（平行四边形）	表示要进行的处理工作
输入或输出符号	（平行四边形）	表示数据输入或结果输出
决策判断符号	（菱形）	根据条件表达式判断程序执行方向

2．答：算法具有 5 个特性，分别是：输入（input）、输出（output）、明确性（definiteness）、

有限性（finiteness）、有效性（effectiveness）

3．答：

```
        ↓
    ╱条件表达式╲──True──→┌──────┐
    ╲        ╱          │ 程序块│
     False              └──────┘
        ↓←────────────────┘
        ↓
```

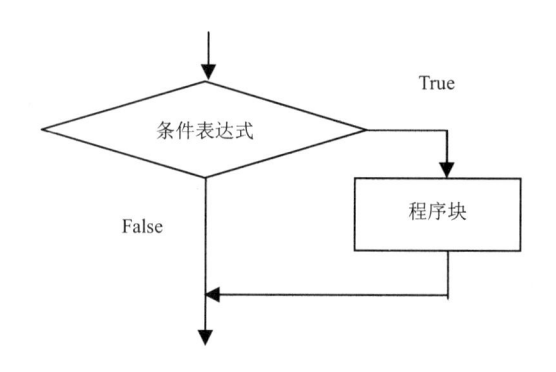

5 循环

选择题

1．D 2．A 3．A 4．C 5．A 6．C 7．B 8．A

6 运算符与表达式

选择题

1．C 2．A 3．B 4．D 5．C 6．B 7．D 8．C

7 函数

判断题

1．√ 2．× 3．√ 4．× 5．√

选择题

1．A 2．B 3．B 4．A 5．B 6．D

8 文件处理

选择题

1．B 2．B 3．A 4．A 5．D 6．B 7．D 8．C

9 网络服务与数据抓取及分析

选择题

1．B 2．B 3．D 4．C 5．B 6．D 7．D

10 图形用户界面

选择题

1．D 2．B 3．B 4．D 5．A

11　绘制图表

- 选择题

1．A 2．B 3．C 4．D 5．C

12　图片处理与生成可执行文件

- 选择题

1．B 2．B 3．D 4．C 5．A